U0193372

那一缕乡愁

漳州·长泰

漳州市长泰区人大常委会　编

图书在版编目（CIP）数据

那一缕乡愁 / 漳州市长泰区人大常委会编. -- 北京:
中国文史出版社，2022.11
ISBN 978-7-5205-3712-4

Ⅰ. ①那… Ⅱ. ①漳… Ⅲ. ①古建筑—漳州—摄影集
②散文集—中国—当代 Ⅳ. ①TU-092.2②I267

中国版本图书馆CIP数据核字(2022)第175061

责任编辑： 刘华夏

出版发行：**中国文史出版社**
社　　址：北京市海淀区西八里庄路69号　　邮编:100142
电　　话：010－81136606 81136602　81136603 81136605(发行部)
传　　真：010－81136655
印　　装：厦门中天华成文化传媒有限公司
经　　销：全国新华书店
开　　本：185毫米×260毫米
印　　张：12.5
字　　数：150 千字
版　　次：2022年11月北京第1版
印　　次：2022年11月第1次印刷
定　　价：78.00元

编委会

前言

乡愁是什么?

乡愁，就是你离开了这个地方，会想念这个地方。《现代汉语词典》解释为：深切思念家乡的忧伤的心情。

长泰的乡愁是什么？

一位曾在长泰工作过的领导这么理解：乡愁，是村里的那棵大槐树，是那悠长的青石板路，是村头那清清的小河，是那很老的房子的家，是那家和村里的炊烟，是鸡马牛羊猪的喊叫声，是母亲在门前的张望，是家里香喷喷的饭菜……

散文家宁新路也曾专门研究过长泰乡愁。在《触摸那悠长的乡愁》中这样描述长泰的乡愁：一群群旅居海外的长泰人回故乡拜望那千年的大榕树，深情地徜徉在石头的村和街巷，也在祠堂和庙宇里叩首与仰望。他们为同根同祖激动不已，他们在长泰以泥土和风来稀释困“结”在心头长久的乡愁。而老的故居，老的小路，在迅速消失，可古榕树还在，祖宗的祠堂还在，远久而悠长的乡愁还在。

长泰，本属泉州府南安县武德乡崇教里地。唐僖宗乾符三年（876），置武德场，后改名武胜场、武安场。后周世宗显德二年（955），升“场”为“县”，取名长泰，寓意“长久安泰”。宋太宗太平兴国五年（980），长泰始属漳州。2021年，长泰撤县设区。

在这座历史与文化交织千年的古邑里，文物古迹、古屋老厝散落在乡间山野，沉淀着满满的乡愁。每一座祠堂和庙宇，都散发着悠久的历史渊源、浓厚的乡土气息、独特的人文传统，讲述着不可割舍的血缘情、故土情、民族情，牵绊着游子深切的思乡情怀。

于是，就有一拨又一拨的旅外乡亲回到长泰，寻找记忆里的乡愁，延续血脉中的亲情，演绎一个又一个动人的故事。

在这些长泰旅外乡亲的心底，乡愁是一种挥之不去的家国情怀。也正因为这份情怀，漳州市长泰区人大常委会编撰了《那一缕乡愁》一书，挖掘整理和传承弘扬长泰涉台涉侨文化，以中国乡村故事的形式展示出来，留住故乡记忆，品味淡淡乡愁，探寻源流 脉，联结港澳台胞和海外侨胞的骨肉亲情，不断增强中华民族的凝聚力和向心力。

《那一缕乡愁》一书，收录了区级以上文物保护单位和文物点，以及具有特色的其他类型历史建筑，共26处，其中，涉台文物保护单位和文物点21处，涉侨文物保护单位和文物点5处。书中采取“建筑简介+散文随笔+摄影图片”的形式，突出纪实特点，体现真实性、故事性和可读性，涵盖长泰区文物古迹、历史渊源、交流往来等综合情况，全面呈现长泰本土最具地域特色和独特艺术价值的文物古迹风貌、历史人文内涵，力求既突出地域特色建筑，又体现兼容并蓄风格，寻访文物古迹和历史建筑背后感人至深的真情故事。

《那一缕乡愁》一书，先按类型编排条目，再以行政区划顺序，综合其地域分布、平面布局、构建风格、构建年代、使用功能、艺术特色、保存现状等文物价值进行择选，同时兼顾建筑古迹的历史人文内涵。

《那一缕乡愁》一书，作者来自各行各业，有专业作家、公务员、教师、乡贤，也有在校大学生。这些写作群体都曾在或正在长泰这个地方生活和工作，与长泰有着割舍不断的深厚情感。有的语言朴素无华，甚至是文笔略显稚嫩，但字里行间却自然流露出对长泰这片土地深沉的爱，一缕缕乡愁跃然纸上。

这也是我们编撰此书的初衷与目的所在。虽已定稿付梓，但终究水平有限，疏漏和不妥之处，敬请读者批评指正。

《那一缕乡愁》编委会

2022年9月

目录

塘边林氏祖厝

Tangbian Linshi Zucuo

【年代】明代

【类别】古建筑

【所在地】福建省漳州市长泰区

【海拔】34 米

【经度、纬度】东经 : 117° 47'16.5"，北纬 : 24° 37'31.9"

（测点位置：前厅第一级台阶正中）

塘边林氏祖厝，又名崇礼堂，位于福建省漳州市长泰经济开发区积山村塘边自然村。该建筑始建于明代，1991 年修缮，现存建筑主要保持明代风格。坐东南朝西北，石、砖、木结构，单檐悬山式屋顶燕尾脊，占地面积 235 平方米，由门厅、天井、正堂组成，厝前有埕，埕前有围墙。门厅大门上悬挂“林氏家庙”匾额。门厅面阔三间，进深三柱，穿斗式梁架，外檐的一对石柱题联“麻承十德自泉莆仙游以入万古衣冠照日月，派衍九龙由晋唐宋明而至千年俎豆镇乾坤”，反映林氏渊源。天井两侧带卷棚式过水廊道。正堂前廊轩亭卷棚顶，面阔三间，进深三柱（后檐墙承檩），抬梁式梁架，悬挂有“崇礼堂”“父子登科”“进士”等匾。

祖厝内保存着从野外林氏先祖古墓葬迁来的清代墓碑一通。如今建筑内石雕、木雕等古香古色，颇有特色，具有一定的艺术水平。2011 年 12 月，塘边林氏祖厝列入《福建省涉台文物名录》。

大门口悬挂『林氏家庙』木匾

根在崇礼堂，心系崇礼堂

1987年10月，台湾当局正式允许居民回大陆探亲。次年春暖花开时节，台胞林汝南先生即抓紧办好一切手续，怀着急切的心情，回到大陆探亲，回到日思夜想的故乡，回到萦怀系心的塘边村（积山村塘边自然村）。

林汝南先生系塘边林氏二十二代孙（以塘边慤斋始祖为第一世），1948年往台湾谋生，从此客居台湾。

林汝南先生是“龙师”的毕业生。“龙师”是龙溪师范学校的简称，地点在芗城，那是当年漳州著名的师范学校。

小的时候，林汝南爱读书，会读书，但家境困难，没钱读书。因为在8岁的时候，父亲即去世，母亲改嫁。看到这种情况，林氏宗亲集体商议，决定每年提供8担稻谷（从家族学田拨付），作为林汝南读书的费用。那时候，在龙师读书，学生都需要交纳大米和柴火。也是林汝南的宗亲兄长林再续一头大米，一头柴火，行走40余里路，挑到学校去的。正是靠着族人的支持，还有亲友的资助，林汝南才得以读到龙师毕业。因此，林汝南先生说：“我能读完龙师，有一点文化，全靠宗亲的支持！”

龙师毕业后，林汝南在林墩当老师，1948年漂洋过海到台湾谋生，从事过教师、秘书等职业。叶落归根，客居台湾的林汝南无日不思念在大陆的故乡和亲人。所以，一得政策允许，当即办好一切手续，回到家乡探亲谒祖。当林汝南来到林氏祖祠，看到祖祠已经破旧濒危，即倡议修葺。但因为当时的经济还不发达，未得落实。1990年秋，林汝南再次回家探亲，重提祖祠修葺问题，并带头捐资，先后捐了3万元。当时的3万元，数额不菲了。他说：“宗亲们养育我，支持我读书，恩深如海，我无以报答，先捐点钱，把祠堂修缮起来。”

1994年祖祠整修一新。林汝南先生又一次回到故乡，参与了庆贺祖祠修缮的隆重庆典，并虔诚拜谒供奉在祠堂里的祖先。跪在先祖的牌位前行礼的时候，已七十高龄的林汝南不禁潸然泪下——说不清那是感恩的泪水，还是思乡的泪水，还是有更多复杂的情愫。

1995年，林汝南倡议并参与编写的《续编长泰塘边社林氏族谱》修成，林汝南先生欣然命笔，为族谱写了《宗谱续编付梓感言》，表达了作为一个台湾同胞，作为一个林氏后人激动而欣慰的心情，并寄语大陆宗亲对于祠堂、族谱要“善加维护珍存，以备他乡宗亲随时返乡寻根认祖”。

崇礼堂在哪里，又有什么来历，蕴藏什么秘密，何以如此使台胞系心牵挂？

林氏祖祠崇礼堂，坐落在长泰经济开发区塘边村，坐东南朝西北，面阔四柱三间，三进一天井，石、砖、木结构，硬山顶，燕尾脊。大门口悬挂“林氏家庙”木匾，厅内正中悬挂“崇礼堂”木匾。这个匾额是祠堂原有的，庆幸得以保存下来。匾上“崇礼堂”三个镏金大字一气呵成，浑厚大气。

据族谱记载，崇礼堂始筹于明末，建成于清康熙三十三年（1694），系由塘边十六世鼎南公（名云，小名显，字端明，号子光，“鼎南”为其谥）秉承其父晋庵公夙愿所建。堂中“崇礼堂”几个字，据说是一位族人，在堂建成举行宴会的当天，带着醉意，用甘蔗枝经口嚼后，蘸墨书写的，所以其字笔画多空隙和游丝。匾上有三方印章，右边天头处：塘林家乘；左边地角处印章两枚：诒厥孙谋、燕子。印文“燕子”完整的估计是“以燕翼子”，因为年代久了，磨损或损坏了。还有一种可能：查阅族谱，这匾，推测可能是邦就公三子、晋庵公二弟逢玉公所书。逢玉公名燕，小名燕子。“燕子”印章，似特意刻写，语带双关——既做署名，又关联了“诒厥孙谋，以燕翼子”的诗句。

亍内正中悬挂“崇礼堂”木匾

崇礼堂屋顶内部一角

一座祠堂的建成，凝聚着众人的智慧和辛劳，牵涉许多人物。而这里面，最值得一提的是地方文化名人林晋庵。

林晋庵（1627—1685），名廷擢，小名添鸿，字元功，“晋庵”为其号。据族谱记载，林晋庵“幼具异禀赋，读书目下十行。七岁作制义，奇致咄咄逼人”。有一位姓史的观察使，人尊称“史公”的，下来观风试士，阅卷数千，没有什么满意的，直到看了林晋庵的文章，才一下子精神振奋起来，拍案说：“百年不见此矣！”“遂拔以冠十邑士。”（《长泰塘边林氏族谱》）这位史公，还亲自作伐，使与镇威将军都指挥使朱公一家缔结婚姻，也就是朱指挥使把其次女许配给了林晋庵。由是，林晋庵到朱家榕径读书六年，遍阅其家数万卷藏书，学问更加渊博。后来，林晋庵参与院试，以五经拔尤，果然不负所望。

崇祯之后，南明政权入闽开科取士，林晋庵本不愿应试，但其父执意要他应试，拗不过，只好参与考试，考了第八名，成了举人。此后，有感于明亡之痛，从此杜门不出，专致学术。学术著作有《周易探赜内传》《羲玟探赜外传》《春秋订疑》《春秋贯旨》《春秋衍》《尚书启筵》《周礼说永》《学庸图说》《四书确说》《续明史纲目》《明史考议》《地理新解》等，共一百多卷。此外，又有诗文集《獭祭集》《一峰居》《独笑轩》《榕径》《扁斋》等。著作丰富，涉及面广，堪称大学者。“充实之谓美”，我常常揣想，当是时，满腹经纶的林晋庵，会是如何才华横溢，风度翩翩！安溪人，官历讲读学士、太子詹事的官献瑶，以林晋庵比之韩愈，认为林晋庵的文章“义疏首尾贯彻，本末洞晳，则虽昌黎亦有所不逮焉”。参与康熙版《长泰县志》编撰的漳浦进士李实蕡，“叹其著作之精博，比之黄石斋先生”。林晋庵的学问人格，不仅当地人目为星辰泰斗，就连“国姓爷”郑成功都心生仰慕。民间盛传，郑成功入漳，曾特意前来拜访，与谈军国大事。此传说，如果与下面所述“筑堡牛寨山”的事迹结合起来看，就知道，传说并非毫无根据，“传说”不只是传说而已。

林晋庵“筑堡牛寨山”，是一件事关族人存亡的大事。那就是在康熙三年（1664），清军与郑经的军队作战，攻占厦门、金门，进逼台湾，战事波及长泰，一时社会动荡，豪强出没，强盗横行，“近郊村落，有数百室无以存者，有十而二三，十而四五者”（《族谱》）。林晋庵在其子端明的协助下，率领族人筑堡牛寨山，御敌自守，四邻蚁附，数以万计。林晋庵“为部署，申约束，课耕种，一方赖以稍宁”（《长泰塘边林氏族谱》），保全了族人生命财产免于劫难。包括林汝南的先人因此得以延续血脉。

塘边林姓始祖为慤斋公，迄今历二十五世，枝繁叶茂，散布闽省各地，包括台湾地区。林汝南先生是其中的一个代表。1995年在祠堂修缮、族谱续修完成的背景下，林氏七汝（长泰林氏始祖林隐庵的七个儿子：汝

崇礼堂主厝屋脊

华、汝和、汝为、汝四、汝政、汝信、汝亮）联谊会在祖祠正式成立，林汝南为理事之一。

中华民族的宗祠文化源远流长，根深蒂固。建宗祠，修族谱，是每个宗族的大事，也是维系宗族关系、宗族团结的物质载体，精神支柱。有了宗祠，人们入祠谒祖，追思先人，激励后昆；有了族谱，人们披阅寻根，溯源崇本，昭穆世序，脉络分明。兴衰历历可鉴，意义堪称重大。

崇礼堂，这座塘边林氏宗祠，历经三百多年的风风雨雨，基础尚在，庙貌犹然，其历史文化价值不可低估。

（撰稿：林炳春/司马）

仁璲堂
Rensuitang

【年代】元代

【类别】古建筑

【所在地】福建省漳州市长泰区

【海拔】22 米

【经度、纬度】东经：117° 47' 15"，北纬：24° 37' 44"

（测点位置：祠堂前厅前廊第一级踏步正中）

仁璲堂位于福建省漳州市长泰经济开发区积山村尚书 53-3 号。始建于元代；明、清时期均有修葺；1993 年修缮，次年落成；2014 年进行保养性维护。

仁璲堂又称洪氏家庙，为纪念洪氏开漳始祖、宋长泰县令仁璲而建，由泮池、前埕和主体建筑组成，占地面积 884 平方米，主体建筑三开间，两落一进院，总面阔 9.5 米，总进深 18.4 米，建筑面积 174.8 平方米，前埕花岗岩条石铺设。1999 年 4 月公布为长泰县第五批县级文物保护单位。

建筑坐西南朝东北，砖木结构，悬山顶燕尾脊式板瓦屋面，中轴线由泮池、埕、前厅、天井、廊房和主堂组成。前埕正中设三级条石踏步上前厅前廊，明间内凹成轿厅，正中设双开大门一副，正大门下设抱鼓石一对，两侧各设偏门通往次间。前厅面阔三间，进深二间，明间两侧设抬梁穿斗混合式梁架，次间山墙搁檩；天井地面花岗岩条石铺设；两侧设过水廊房通往主堂；主堂面阔三间，进深三间，明间两侧设抬梁穿斗混合式梁架。建筑装饰精美大方，梁架斗拱间花板和雀替雕刻工艺精湛，彩绘鲜艳亮丽。建筑外墙为砖墙，墙面抹白灰，檐口处饰有灰塑檐板带，山尖还设灰塑额坠；前厅前廊地面条石铺设，余地面红砖铺设；屋面铺设素面板瓦，檐口石灰砂浆封边。屋脊正脊为脊堵内设有灰塑和剪瓷雕装饰的燕尾脊，垂脊设牌头。

仁璲堂建筑格局完整，室内梁架斗拱间花板雀替种类繁多，雕刻工艺精湛，栩栩如生，具有较高的历史和艺术价值。洪氏族人自明清开始，陆续迁播台湾，仁璲堂是两岸洪氏宗亲的共同祖祠，是两岸同根同源、同祖同宗的历史见证，历史渊源深远。

千年一脉史山洪

漳州族域间流传着一句民谚："一漳无二洪，见洪便是史山洪。""史山"就是长泰经济开发区积山村史山社。社内有座洪氏家庙，闻名漳域。长泰各宗族姓氏大都从漳州或泉州传衍而来，唯独洪氏，却是从长泰繁衍而出。故才有了这句民谚的流传。

史山洪氏家庙也称仁璲堂。仁璲堂为了纪念长泰洪氏开基始祖洪仁璲而建，位于长泰积山村史山社，始建于明代。该建筑坐南朝北，由门厅、天井、侧廊、正堂组成。正堂悬挂有"仁璲堂"的匾额，灯号"燉煌"。1994年，闽台的洪氏宗亲共同捐资修复了家庙。这座具有一定历史意义和教育纪念意义的古建筑，已成为一条联结闽台洪氏子孙的重要纽带。1999年4月公布为长泰县级文物保护单位。2014年完善围墙，绿化内院，美化环境，使仁璲堂更显清静安宁。

仁璲堂外观

仁璲堂内匾额

洪仁璲是何人，他为何来到长泰，并能成为漳州洪氏的开基始祖呢？

洪仁璲，原籍苏州吴县，从小刻苦读书，学而有成，北宋大中祥符九年（1016）中进士。宋乾兴元年（1022），以大理评事调任长泰县令，家眷随之入长泰居住。洪仁璲任职期间，征税得宜，执政清明，兴办学校，关心百姓，深受尊崇。天圣三年（1025）擢升为潮州通判，长泰百姓闻之上表乞留。后仁璲以通判之衔续留任县令。他为官清廉，家无积蓄，不久因病殉于官，无法归葬故里。漳州知州章迪闻悉此事，深受感动，立即召集耆绅筹办善后之事，下谕龙溪、长泰协助。两县百姓感其功德，每人解囊捐一文钱资助，才将其安葬于长泰县内坑山。出殡之日，长泰士民携老扶幼，痛哭流涕，挥泪远送。事闻于朝廷，众官吏都感慨洪仁璲的清风惠政。洪仁璲去世后，他的妻子沈氏、子洪宪，遂定居于长泰史山社。洪仁璲被尊为漳州一带的洪氏开基始祖。其子孙定居长泰，俗称“史山洪”。漳州洪氏开始了根的衍生。为了纪念这位清廉爱民的祖先，洪氏宗亲于1994年捐资修复祠堂，命名为“漳州洪氏仁璲堂”。

岁月轮转，机缘是那么的巧合。从1022年洪仁璲入泰，至2022年刚好是一千年。史山洪氏，千年一脉！洪氏留泰的故事不禁让后世为之感叹。

洪仁璲的勤政为民，克己奉公，一生为长泰百姓做出了贡献。长泰百姓感于洪仁璲的德行与恩情，送十八座山林和田地给其子孙后代，让洪氏子孙立为长泰人，并繁衍至今，成为大族。“一邑之主成为一族之祖”，世代传为美谈，不愧是千年一脉！

仁璲堂一脉千年，洪氏后裔继承了洪仁璲的遗志和风范。他们以长泰为根基，开始了千年的奋斗与传衍，他们垦荒拓殖，披荆斩棘，其后裔又分衍长泰的湖珠村，漳州的龙海、漳浦、芗城几十个村落及广东，台湾南投县、彰化县等地，甚至传衍至番外印尼。

清代史山洪氏拓展至台湾，其间充满了艰辛与困难。洪氏族人的吃苦品质和坚强韧性，征服了荒山野岭。据史山仁璲洪氏族谱载，清乾隆末年，洪仁璲祖下第十九世孙洪和苍，由漳州漳浦县车田堡攀龙社霞营乡渡台，成为史山洪氏迁台的第一人。此后，洪氏后人陆续从闽南地区入台拓垦，在南投、彰化等地开枝散叶。如今，南投草屯洪氏便是其中一脉。

据了解，洪氏族人进入草屯垦荒，餐风露宿，启林斩棘，先后兴建了燉伦堂、燉成堂、燉煌堂、崇星堂四座洪氏宗祠。其中，建于清道光二十六年(1846)的燉煌堂，供奉一世祖洪仁璲，成为台湾史山洪氏各衍派的大宗祠。据悉，目前南投草屯乡洪姓人口有2万多人。他们不仅认真修订族谱，虔诚追源溯流，而且每年春秋两季还要在宗祠举行隆重的公祭活动，瞻仰闽南的始祖。

新中国成立后，因历史原因，两岸史山洪氏暂时中断了联系。但是洪氏的根是永远连着脉，这种血浓于水的亲缘是无法割断的。

1987年底，台湾开放老兵回大陆探亲，两岸关系的坚冰逐渐消融。

1992年台湾南投草屯洪氏裔孙组团回祖籍地长泰认祖，拜谒始祖洪仁璲墓，并与漳州各地洪氏乡亲齐聚史山祖祠遗址，于当年成立了史山公祠重建理事会。闽台两地洪氏宗亲捐资建祠，重建仁璲堂，并于1994年11月18日举行落成典礼。此后，草屯乡洪氏一族每年冬至都要组织宗亲，回长泰史山仁璲堂宗祠参加洪氏全族祭祖活动，30年来从未间断。

建筑外墙局部

堂内局部装饰

2012年3月，漳州市仁璲堂洪氏理事会一行38人，赴台湾南投县参加洪氏家庙春季祭典仪式。漳州洪氏赴台，受到了台湾洪氏宗亲的热情接待。2013年11月，漳州市洪氏理事会组团21人，赴金门参加烈屿乡洪氏家庙奠安庆典。两岸史山洪姓的串门走亲戚活动越来越热闹。如今，每年春秋两季，台湾洪姓宗亲都会到福建祭祖，乡情、亲情在面对面的交流中不断升腾着。无论哪一方有困难，对岸的宗亲都会义无反顾地伸手相援。1991年，第一批台湾史山洪氏族人返乡寻根谒祖时，听说两岸洪氏族人共同的祠堂——长泰仁璲堂已毁坏，便自发筹资220万元新台币重建祠堂。而在1999年南投“9·21”大地震发生后，长泰史山洪氏宗亲也筹资捐助受灾的台湾宗亲，支持他们进行灾后重建。闽台自古一家亲，同根同源，同祖同脉。一个小小的燉煌堂，牵系着两岸的洪氏族人，也诉说着闽台宗亲间绵延数百年的血脉情谊。物换星移，时光流转，在千百年后，也许时间会冲淡两岸民间交流中的许多人和事，但两岸同胞血脉相连的亲情乡情冲淡不了。

千年的洪氏血脉，紧紧把闽台两岸的人系在一起。史山洪氏千年的情缘就是众多闽台宗族血浓于水的缩影。

（撰稿：蔡志龙/黄河）

谢氏宗祠宝树堂
Xieshi Zongci Baoshutang

【年代】清

【类别】古建筑

【所在地】福建省漳州市长泰区

【海拔】12 米

【经度、纬度】东经：117°46'42"，北纬：24°37'40"

（测点位置：宗祠前厅前廊第一级踏步正中）

谢氏宗祠宝树堂，又名谢氏祖厝，原位于福建省漳州市长泰区武安镇城关村后庵，2010 年因城市建设需要，易地迁移于福建省漳州市长泰经济开发区积山村下房自然村。宗祠始建于元代，清代重修，现存建筑保持清代风格。建筑坐北朝南，石、砖、木结构，单檐硬山式屋顶燕尾脊，占地面积 164 平方米，抬梁式木构架，建筑一进二落式，由门厅、天井、正堂组成。门厅穿斗式，面阔三间。天井带两侧卷棚式廊。正堂面阔三间，进深四柱（后檐墙承檩），石柱为圆形，两侧墙上书“忠、孝、廉、节”四个墨字，据传是朱熹笔迹。堂内悬挂有“进士”“文魁”

等匾额。正堂部分梁枋有彩画及部分木雕，至今保存完好。谢氏宗祠奉祀宋代长隆谢氏开基始祖谢君垢。

据民国版《长泰县志》记载：“谢氏，长隆始祖君垢，宋代迁自漳州，最初居于正达。”谢氏后来移居县城，于元代建此宗祠。清代时，谢氏后裔谢谦亨，道光二十五年（1845）中进士，授刑部主事，升江南道监察御史，条陈时事，所见甚大，为长泰历史名人之一。

明清时，就有谢氏先人赴台湾云林县北港繁衍生息。长泰谢氏与台湾渊源密切，台湾谢氏宗亲经常返乡谒祖。2011 年 12 月，谢氏宗祠宝树堂列入《福建省涉台文物名录》。

谢氏祖祠

乡愁里的宝树

乡愁是什么，是一丛老树，是一湾小溪，又或是几间老厝。乡愁是中国人的宿命，没有理由，只有思乡情怯。中国人无论走到哪里，“根”是故土，是难以割舍的情怀。在各种机缘巧合下，怀着对未来的憧憬的人们经过长途跋涉，离开了充满乡音的故土，踏入了风俗迥异的异国他乡。但在内心深处，故乡的记忆从未忘却。思乡的人在成功时总有衣锦还乡的冲动，年老时便有落叶归根的情愫。“我从哪里来，我要回哪里去”，是每个中国人挥之不去的自问，寻根问祖成了中国人最深的乡愁。

2018年1月8日，马来西亚谢氏华侨谢熙利回国后，几经波折在友人引见和帮助下，联系到长泰谢氏宗亲联谊会，当日在友人陪同下迫不及待来到长泰谢氏宗祠寻根问祖。长泰县谢氏联谊会谢宗文会长闻讯马上召集谢维新、谢长林、谢育强、谢文才等副会长，以及宗亲在谢氏宗祠迎接。谢熙利终于回到故乡，见到了宗亲，为列祖列宗点香，以慰心愿。

2018年3月26日，福建省金门县1600多名同胞，分乘40部大巴，专程来到长泰文庙参观游览，拜谒大成至圣先师孔子，开展传统文化交流互动。其中有位长泰籍的谢氏宗亲谢秋土，通过区台联联络了长泰谢氏宗亲联谊会，寻根问祖，台胞谢秋土先生的宝树乡愁圆满如愿。寻到宝树的根，这是所有谢家人最幸福欢喜的时刻。

乡愁之深，唤起了中国人重视宗族的文化构建。中国的祠堂讲究衍派传承，根脉清楚，才能显示家族的兴盛。祖宗的荣耀，亦能鞭策后世族人奋发图强。光宗耀祖，这是中国人的家族使命。

长泰宝树堂，属开漳始祖谢二使派系，长泰谢姓支系始祖谢君厔，讳定。宋淳熙十二年(1185)，谢君厔由漳州迁徙长泰，初居于石铭里正达(今坂里乡正达村)，后移居旌孝里长隆社(今岩溪镇甘寨村张隆前社)。生三子，长子添应，元初任本县教官，传衍邑南(今县城南门)，后裔谢万寿又传下房社。次子添齐，号初永，后传衍旌孝里长隆、后垅、林前、象广等社。三子添富，自城南徙居龙岩适中上坪居住，为上坪谢姓之祖。长泰谢姓也有了开枝散叶的传衍，除了分布在长泰外，又传衍福州、福清、南安、安溪、同安、厦门、漳州、龙海、漳浦、芗城、龙岩，广东海丰、海南、潮州、普宁，浙江温州，江西赣州。

明清两代时，长泰谢姓的子孙也加入了“下南洋”的浪潮，漂泊海外，星罗棋布。如今，长泰谢家宝树已传衍至菲律宾、马来西亚、中国香港和台湾地区等。明清两代，长泰谢姓族人有谢二基、谢三婴、谢天受等25人先后到台湾云林县北港等处谋生，还有谢弓、谢盛、谢宗集等人迁居南洋。今天台湾云林县北港，成为长泰县籍的谢氏宗亲聚居最旺的地方，人口达10万之多。

在离乡人的记忆里，长泰谢家宗祠，堂号宝树堂。原址位于长泰县城东北隅，坐西北朝东南，始建于元末明初，2005年12月，被列为漳州市文物点。2011年，因长泰旧城改造，后乔迁于长泰经济开发区积山村下房社，2011年农历十一月落成，坐北朝南，为两进一天井的庙堂格局，

屋顶燕尾脊

富丽堂皇，蔚为大观，仍堪称一大宝地。建筑以红砖、条石、杉木为主，综合运用了木雕和石雕工艺，从远处一望白墙红瓦，燕尾冲天，闽南建筑风格浓郁。临门抬眼，门头红匾上书写四个大字“谢氏宗祠”。大门两侧，竖有一联：“由宋元明清以来，家声丕振；合乾坤坎艮之吉，甲第蝉联。”一联文字，传颂着谢氏宗族的历史与名声，彰显谢家之荣耀，宝树之常青。

“宝树堂”是谢氏之堂号，也是异乡宗亲回乡寻根的记号。关于“宝树”来历，有个很美的典故。《晋书·奕子立传》记载：一日，谢安在教育子侄时说：“子弟亦何豫人事，而正欲使其佳？”意思是说，谢氏子侄并不一定需要出来参与政事，做父兄的为什么总要教育自己的子弟，使他们往好的方向发展？在座者都回答不出来。只有谢玄回答说：

"譬如芝兰玉树，乐其生于庭阶耳。"意思是说，好的子弟好比芝兰玉树，父兄想让这些好花萃树栽在自己的庭院里，为家门增添光彩啦。听了这得体的回答，谢安大悦。以后谢氏族人便以"宝树堂"为堂号，以激励后人，铭记祖德。

谢家之宝树，是芝兰玉树，晋代谢家大族之遗风，也伴着宝树之根系延伸至闽南宝地。古往今来长泰谢家人才辈出，登科及第不乏其人。为官一方，造福斯民，万世流芳。据清乾隆《长泰县志•选举志》及《长隆谢氏族谱》记载：从宋淳熙十二年(1185)，谢君扆由漳州迁徙长泰。到明代九世祖谢兆甲时，及第人数众多，尤其是明清两代，及第人数十三有余。

堂内悬挂的"进士"匾额

其中，清道光十七年（1837）的举人谢谦亨，名望最盛，人称"吉老"，流传的诗文和故事也最多，在漳州地区有一定的文化影响。他的故事传说，也是今天长泰谢氏后人津津乐道，并引以为傲的先祖事迹。

谢谦亨（1819—1887），字吉六，号筠士，长泰旌孝里人。有夙慧，从乃祖笔峰公授读，辄过目成诵。道光丁酉（1837）举于乡，乙巳（1845）捷南宫，观政秋曹，承审各案详且慎。咸丰甲寅（1854）入直枢垣，军书旁午，处之有条不紊。嗣丁内艰，归。泰邑向多荒田，业去粮

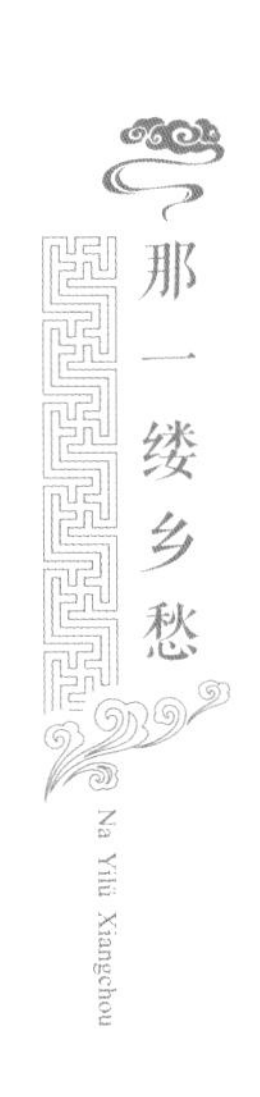

存，谦亨呈官请丈，年余就绪，邑人颂之。后掌教漳丹芝书院，勖诸生，敦品厉行，所造良多。光绪元年（1875），起复入都，旋擢员外郎，升江南道监察御史，条陈时事，所见甚大。未几乞归，课耕课读，实足风励一世，为当地百姓所称道。

谢家宝树落根长泰已八百余年。八百多年来，谢氏宗族繁衍生息，已枝繁叶茂。不单在长泰故地声名显赫，还在我国台湾地区、香港地区及菲律宾、马来西亚等落地生根。如今我华夏国力日盛，政事渐兴，民生富足，文化昌隆。很多离乡日久的思乡人纷纷奔回故里，追根寻脉，祭拜祖先，以了思乡之愁。“参天之木，必有其根，环山之水，必有其源”，追本溯源、寻根谒祖，海外谢氏华侨华人对故乡的执着，让他们的后代们选择回国寻根，共同谱写宝树情缘。

台湾诗人席慕蓉曾深情诉说：离别后，乡愁是一棵没有年轮的树，永不老去。这其实是所有根在大陆的在台乡亲和海外华侨的共同心声。

（撰稿：蔡志龙/司马）

积善庵
Jishan'an

【年代】明代

【类别】古建筑

【所在地】福建省漳州市长泰区

【海拔】30 米

【经度、纬度】东经 : 117° 47'03.9"，北纬 : 24° 37'32.4"

（测点位置：前厅第一级台阶正中）

积善庵，位于福建省漳州市长泰经济开发区积山村下房18—20号，始建于明代，近年有维修，建筑面积 178 平方米。该庵坐东朝西，单檐悬山式屋顶燕尾脊，石、砖、木结构，由门厅、天井、正殿组成。门厅面阔三间，进深三柱，穿斗式木结构，石柱为八角形。天井较小，两侧带过水廊道。正殿面阔三间，进深三柱（后檐柱承檩），抬梁式结构，石柱为圆形带石柱础。正殿悬挂“积善法堂”木匾，神龛供奉观音佛祖。庵南侧带一列五间厢房，厢房与庵之间有一口八角形古井。建筑内部的部分石雕、斗拱、木雕等雕刻精美，体现了当时的艺术水平。建筑具有一定的历史价值。

自 1998 年起，积山村的林氏台胞及在开发区投资办厂的台胞积极捐资，用于重修积善庵。2011 年 12 月，积善庵列入《福建省涉台文物名录》。

意绪悠悠积善庵

在经济开发区积山村村委会的南边有座“积善庵”。庵的历史悠久，具体的年代现已难以准确断定，但几百年的历史是不会少的。因为它的历史就和所在村庄一样久长。现称作“积山”的自然村，新中国成立前一直被称作“积善村”，属丰成里（也写作“方成里”）。村的名称就来自“积善庵”。“积山”这个名称是新中国成立后所改，于“积善乡”“欧山乡”两个乡名称各取一字得来的。

庵的名称，通常的说法是出自《周易·坤·文言》：“积善之家必有余庆，积不善之家必有余殃。”也就是说一家之人，善事做多了，必然喜庆之事不断；反之，坏事做多了，必然祸患无穷。《千字文》里的“福缘善庆，祸因恶积”，说的也是这个意思。

还有一种说法，是民间传说。传说，在明代天启年间（1621—1627），庵里举行庙会的时候，来烧香礼拜的人络绎不绝。有个乞丐也来了，想讨点吃的。这个乞丐不仅衣衫褴褛，而且跛足（瘸腿），一拐一拐的。庵的门槛高，他几次想跨过去，过不了。有位老者注意到了，不但没有耻笑，还扶他进到庵里。待他进了庵，就有其他的信众把供品分给他食用。乞丐饭饱食足，又在村民的帮助下，跨出门槛，离开了。走了一段，乞丐忽然拐了回来，对众人说：“这个社里的人好心，积德行善。这庵要叫‘积善庵’才好。”说着，唱着歌，一拐一拐地走了。有人听懂了几句，道是：“到此乡，非常客，姹女婴儿生喜

积善庵外观

积善庵屋顶

乐……”有村里的文化人听了这事，说这歌是仙公祖吕洞宾唱的，叫“敲爻歌”，来的人恐怕就是吕洞宾变化的。此后，这庵就改叫“积善庵”了。庵原来有块很大的木匾额，上面就写“积善庵”几个大字。我在庵里读小学的时候还看到过。

这个传说，流传久远。它是村民淳朴善良，对外乡人、对乞讨者、对残疾人不歧视，能同情的真实反映。这种淳朴善良的民风，传承至今。我小时候，家里经常有乞丐来讨饭，印象多说是来自安徽凤阳的。那时，国家处于困难时期，缺吃少穿。我家米不够吃，做饭经常要加甘薯，小的一整个放进去，大的切块；还有一种就是加晒干了的甘薯签（就是把甘薯用礤床推成签状，再晒干）。因为自己都吃不饱，对于乞丐频繁地上门，有的人难免会厌烦、敷衍，甚至驱赶。但是，我母亲每次见乞丐来，都会毫不犹疑给饭给米。乞丐走了，还会站门口目送。然后嘴里自言自语说：“没行（航音）吃，没写四。”（方言：没得吃，可怜见）这种情怀，我后来读了儒家的学说，才知道其实就是“仁爱”，就是“古意”。而这种行为就叫“积德行善”。“积德行善”这一点，积山村村民名副其实。

时代变迁，积善庵也历经沧桑，几次重修。现存的积善庵是2004年重修过的。由前厅、天井、后厅组成，深16.1米，宽10.8米，属石砖木结构。三门两圆窗，中门两侧有石狮一对，门楣上悬“积善庵”匾。门柱刻写有对联：观音慈悲闻善心欢喜，佛祖显圣见诚神先知（庵中供奉的神明主要是观音，庙会时间在六月十九）。庵的位置在村部的南边，凤凰山的头部。对于凤凰山，现在的年轻人大都不知道了，因为看上去整个片区都是房子。虽然如此，但是远看、细看，中央高，四周低，整个山的轮廓还是分明的。山的形状从县后山眺望，形如展翅飞翔的凤凰，首在积善庵（也是旧时的积善保），尾在凤尾林，两翼则在南边的武尾脊、北边的田仔山。据老一辈人说以及族谱记载，早期这里原是树木蓊郁的丘山。

庵一度被作为校舍使用（二十世纪六七十年代），是积山小学所在地。就当时学校的设置分布看，庵的规模还是挺大的，比现在大得多。因

积善庵大门处

积善庵屋顶内部局部装饰

为庵在山上，所以，学校自东而西由高而低，层次分明。学校的东面更高一层的是当时的村委会办公室。学校的西面，是一个空阔的砖埕，作操场用，是我们做操、开会、课外活动的地方。操场的西面边缘，有两株高大的榕树，枝繁叶茂，于今犹在。再往西，地低一层，种有竹子，青翠摇曳。庵里有一口水井，井水清冽甘甜，现在也还在，还可饮用。宏观看，庵的南面是田园和公路，北边是树林，还有一户人家；东边是山坡、公路，还有供销社、戏台；西边是稻田，稻田的中央有下房社。当时车辆极少，学校的环境优美，交通便利，是办学的好地方。我整个小学生涯就是在那里度过的，直到1977年，才搬迁到烟火埔的新校区。这是我对于积善庵的记忆。相信许多人，特别是在这里读过书的人，都会有印象。

积山村的村民姓氏主要有林、唐、谢、洪等。这些姓氏都有迁居台湾的。据统计，至2017年，台湾林姓人口近200万人，洪姓人口30余万人。其中有许多林姓源自长泰林氏七汝（长泰林氏始祖林隐庵的七个儿子：汝华、汝和、汝为、汝四、汝政、汝信、汝亮）。许多洪姓源自长泰洪氏始祖——名宦，也是乡贤的洪仁璲。林氏、洪氏宗亲都曾经回大陆寻宗拜祖。

积善庵作为一座历史悠久的庙宇，是村民的价值观念的载体和精神信仰的寄托，也是两岸同胞共同的精神家园。木有本，水有源。当那些在这庵里烧过香、读过书的台胞，久别后回到大陆，走进积善庵，看到似曾相识的庙宇，看到依然根深叶茂的大榕树，喝上一口庵里的井水，能不热血沸腾、热泪盈眶？

（撰稿：林炳春/黄河）

大学社蔡氏祖厝
Daxueshe Caishi Zucuo

【年代】明代

【类别】古建筑

【所在地】福建省漳州市长泰区

【海拔】26 米

【经度、纬度】东经：117° 44' 47"，北纬：24° 43' 16"

（测点位置：宗祠前厅前廊第一级踏步正中）

蔡氏祖厝位于福建省漳州市长泰区岩溪镇上蔡村大学 18-1 号，始建于明代，由明叔公肇基，鸿基公扩建，迄今六百余年，历代均有修葺，1999 年修缮，2006 年遇洪水侵袭，2007 年整体维修。

蔡氏祖厝堂号敬贤堂，由前埕和三落两进院建筑组成，占地 2400 平方米，主体建筑五开间，总面阔 22.8 米，总进深 45 米，建筑面积 1026 平方米。2004 年 8 月公布为第六批县级文物保护单位。

宗祠坐东南朝西北，砖木结构，悬山顶燕尾脊板瓦屋面，中轴线由前埕、前厅、一进天井、主堂、二进天井、后厅组成。祠埕正中设三级踏步垂带上前厅前廊，前厅设前廊，明次间内凹成轿厅，明间辟三齐门，正门下置抱鼓石一对，上悬“蔡氏家庙”木匾，室内进深一间，为抬梁穿斗混合式梁架；明间内檐正中悬清乾隆五十一年（1786）蔡新题“五叶联义”匾，一进天井条石铺设，天井两侧为连接前厅和主堂的过水连廊，连廊朝天井处设二柱。主堂进深三间，设二通三瓜梁架；二进天井条石铺设，后厅面阔三间，进深三间，明次间山墙相隔并直接承屋面。宗祠山墙砖砌，室内地面红砖铺地。屋面燕尾脊高翘，屋面铺设素面板瓦。

宗祠现存梁架大木高度保持清代闽南建筑的法式特征，宗祠木构用材硕大，梁架间少有雕饰，风格朴素浑厚。宗祠既做宗祠又做学堂，祖厝内保留清嘉庆十年（1805）的《瀛山碑记》一通，碑记虽仅剩五分之四，但字迹清晰，记载瀛山读书社和蔡氏的渊源及建祖厝的全过程。

蔡氏祖厝外观

承载乡愁的蔡氏祖厝

不知从什么时候起，那些有椽、有瓦、有砖的建筑，不再叫“民居”，而被尊称为“祖厝”。事实上，它们之间的不同，只是族人的情感渗入了建筑的风格，那些被称为“祠堂”的祖厝建筑有神秘的雕饰，承载着先人的气韵情感，祠堂的神秘之处也在于关乎祖先、族人、后代、血缘和传统等情感因素。

走进长泰岩溪镇上蔡村，蔡氏大宗祠那别具一格、古色古香、巧夺天工的闽南建筑韵味的古民居，如一个巨大的磁场将您吸引，顷刻让您融入“蔡氏宗祠”的世界。游览“蔡氏大宗祠”，百看不厌，越看越神奇！抬目望，敷粉涂丹，青红藻饰，闽南风格的彩绘，鲜艳清晰，纷纭多姿，栩栩如生，令人目不暇接！这里有蔡氏先民的文化沉淀，精美的建筑雕饰更是蔡氏先民用劳动创造的艺术瑰宝，这里承载着闽台蔡氏族裔浓郁的乡愁。

这座堂号“敬贤堂”的蔡氏大宗祠，创建于明代，续建于清代。坐南朝北，前、中、后三落，恢宏高敞，错落有致。石、砖、木结构，由门厅一进、正堂二进、两个天井组成。单檐悬山式屋顶，穿斗抬梁混合式木构架。正堂悬挂有“敬贤堂”“进士”“文魁”“武魁”“五叶联义”等匾额。门墩石鼓至今犹存，遗留清嘉庆十年（1805）的《瀛山碑记》一片。石碑仅剩五分之四，残缺部分现已复原，碑文清晰可见，记载瀛山读书社和蔡氏的渊源及建祖厝的全过程。祠堂基本保存原貌，具有一定的建筑艺术和文物价值。这座始建于明，续建于清的老祠堂，见证了海峡两岸蔡氏之间不能割舍的血脉情缘。蔡氏祖厝自创建以来，既做祠堂又做学堂，培养生童，重教兴学，后裔子孙人才辈出。“敬贤堂”准备再次整修，上蔡蔡氏联谊会已邀请台湾蔡氏宗亲在适当时日，再次回乡探亲谒祖，重叙两岸情缘。2004年8月公布为第六批县级文物保护单位。

蔡氏祖厝正堂

蔡氏祖厝碑记

天下蔡姓源于上蔡，这是不争的事实。作为中国百家姓之一的蔡姓，分布广泛，在三千多年的历史长河中，蔡氏子孙不断繁衍壮大，如今犹如参天大树，遍布天下。据武晋豫介绍，“蔡”字作为姓氏的标识，是源自古代上蔡的地名和蔡岗及蔡国国名。班固《汉书·地理志》：“上蔡，故蔡国，周武王弟叔度所封。度故，成王填充其子胡。”追本溯源，长泰上蔡蔡氏根在河南上蔡，据《上蔡蔡氏族谱》记载，蔡岂为长泰岩溪上蔡始祖，于宋嘉定年间（1208—1244）由河南上蔡县迁至长泰城区前街科山定居。后来分房传衍，分衍长泰山斛、大学、四落、寨内等村落，以及芗城、漳浦、南安潘山、永春外陂湖、同安沼仔林等地。也有不少宗亲迁居台湾繁衍。据《蔡氏族谱》记载，明末万历年间(1591)，蔡氏祖先就有先人东渡台湾，居住在云林县南镇埤头乡，开垦荒野，落地生根。此后，又有大批的蔡氏族人跟随郑成功到台湾开基，后裔散居台湾各地。清朝康熙年间，上蔡村又有不少族人渡海入台，垦荒创业，繁衍生息。直至新中国成立前夕，仍有族裔去台谋生。如今这些蔡氏后人已遍布台湾各地，从南到北，从东到西，蔡姓子孙随处可见。据台湾有关方面统计，台湾的姓氏有1000多个，蔡姓名列台湾百家姓中第8位，人口超过100万。而作为其中的一分子的长泰籍蔡氏台胞，也早已融入当地社会，开枝散叶、繁衍后代，形成庞大的蔡氏后裔群体。

自元朝以来，上蔡蔡氏人才辈出。元朝时期，蔡伯厚任河南邵州税课局大使；明朝洪武四年(1371)，蔡潜中进士，任江西上饶县知县；清朝嘉庆年间，蔡长江中武举人，官至福建地方巡抚加三级……据了解，从元朝至清朝期间，上蔡蔡氏为当地望族，名人高官不断涌现，历数代而不衰，其中尤以上蔡第十世孙蔡鸿基，最让蔡氏后人引以为傲，代代口口相传。蔡鸿基生于明朝永乐年间，为当时长泰县邑内五大地理名师之首，早年曾到江西游历学习天文地理知识，回乡后施展平生所学，建造了当时长泰第一大祖厝——上蔡蔡氏祖祠。同时，他轻财重义，慷慨乐施，经常救济穷人，造福当地百姓，因而深受群众尊敬，人称“蔡大哥”。至今说起他，

海峡两岸的上蔡蔡氏后人对于“蔡大哥”各种乐善好施的事迹，依然铭记于心，不能忘怀。

饮水思源，两岸蔡氏族裔情浓于水，浅浅的一湾海峡，隔不断两岸的血脉亲情。1987年，台湾当局开放大陆探亲以后，台湾蔡氏宗亲就掀起一股回归故土、寻根认祖的热潮。两岸蔡氏子孙因地缘相近、血缘相亲而再次建立了密切的文化联系与经济往来。蔡氏台胞热心家乡公益事业，捐资修葺蔡氏祖祠、上蔡慈济宫等。在台胞蔡长泰的带领下，20位台湾蔡氏族裔等捐资6000多元，为管护慈济宫慷慨解囊。之后，蔡长泰又回乡投资创办长泰首家台资农业企业，先后引进番石榴、软枝杨桃、金苹枣、甜脆桃等32种台湾高优水果新品种和新技术，成为当时长泰果业结构调整的示范基地，极大促进了祖籍地经济发展。

悠悠岁月，几度风雨，蔡氏大宗祠祖厝的雕栏玉砌见证无数变迁，承载着浓郁的乡愁，置身其中，令人浮想联翩，流连忘返。上蔡祠堂祖厝传承和弘扬着蔡氏优秀传统文化，也发挥联系闽台蔡氏宗亲的作用，增强了宗族凝聚力，它犹如浩瀚大海上的灯塔为蔡氏族裔指引航向。

（撰稿：郑仁群）

“五叶联义”匾额

【年代】清代

【类别】古建筑

【所在地】福建省漳州市长泰区

【海拔】103 米

【经度、纬度】东经：117° 47' 32" ，北纬：24° 47' 24"

（测点位置：宗祠前厅前廊第一级踏步正中）

洪氏祠堂位于福建省漳州市长泰区岩溪镇湖珠村社坪 61 号，始建于清代，20 世纪 80 年代整体修缮，2012 年整体维修。

洪氏祠堂系长泰洪氏开基始祖洪仁璲的后裔移居今址，由泮池、照壁、前埕、主体建筑组成，占地面积 778 平方米，主体建筑两落一进院，建筑总面阔 15 米，总进深 27 米，建筑面积 405 平方米，前埕鹅卵石铺设。2013 年 5 月公布为第七批县级文物保护单位。

祠堂坐西朝东，石砖木结构，悬山顶燕尾脊传统板瓦屋面，中轴线由泮池、照壁、祠埕、前厅、天井、两侧廊房、主堂组成。前埕正中设五级台阶踏步上前厅，前厅面阔五间，设前廊，明间处内凹成轿

厅，正中辟三齐门，正门下置抱鼓石一对，上悬“洪氏祠堂”木匾一方，室内进深三柱，设二通三瓜梁架；正中天井条石铺设，两侧各设过水廊房；主堂进深三间，明间两侧设三通五瓜梁架，次间和梢间以山墙相隔并直接承屋面，明次间外敞，明间内檐悬挂“百代瞻依”木匾一方；梢间各辟为耳室。祠埕保留有三对石旗杆，雕刻精美。

洪氏祠堂现存梁架大木高度保持清代闽南建筑的法式特征，宗祠木构用材硕大，梁架间雕梁画栋，建筑至今仍然保存完整布局，是一座具有一定纪念意义和教育意义的建筑物。

搭起乡愁的桥梁

无论是在外的游子，还是生活在一方土地的家乡人，洪氏族人都不会忘记那搭起乡愁的桥梁——洪氏祠堂。

眼前缕缕阳光照在堂前那三对斑驳的石旗杆上，一片片水泥弥补的旗面看似斑驳不堪，其实门口那三对旗杆见证了历史的变迁。据说要有当到要职的高官才能插上旗杆，风吹雨淋中旗帜飘扬。村里的老人说起这旗杆的历史，总是滔滔不绝。石旗杆于20世纪90年代失而复得并得以修复。

洪氏祠堂门口的三对旗杆

元末明初建成的洪氏祠堂，已有六百多年的历史，历史悠久。占地面积778平方米，保留了明清古建筑风格。据传祖厝外围原建有七墩八桥，祠前照墙，后树大樟，埕前明月池，后有沟硿脚石。走在铺满鹅卵石的路上，望向眼前的石阶，无论历经多久，它依旧在这里，即使已经风吹日晒，石阶与墙壁上的石条一样，轻轻一摸，就会掉落碎片，依旧不能改变这是历史的沉淀。

远望洪氏祠堂

大门的两侧那一对抱鼓石保存至今，依然在原来的位置。跨过木板，洪氏祠堂没有过多的摆设，显得空旷。这一砖一瓦、一柱一廊仿佛还是当年的模样。祖厝历经六百年风雨，房屋部分楹桷、墙面、厅面横桶进行修葺。仔细端详柱子的底部，明代就留传下来的柱础，花草图案栩栩如生，至今让人惊叹不已。

关于洪氏家族的祖先来源，《长泰县志》曾记载：洪仁璲，苏州吴县人，进士，宋乾兴元年（1022）以大理寺评事任，调潮州通判，民表留之，因再任，卒于官，贫不能归，葬钦化里内坑山，子孙居于泰。洪知县成为长泰洪氏始祖。洪仁璲之子洪宪于宋庆历年间，从洪山兜徙居龙溪县大场保珠浦社。而从第二世至第九世都是单丁过代，第十世起，丁口才逐渐增加。十四世洪利用授承事郎，任泉州诸曹禄事参军，传有三子。其第三子洪庆馀仍安居龙溪县珠浦社传衍；次子洪庆芳徙居龙溪县会同里上洋传衍；长子洪庆朝授迪功郎，于宋末迁回长泰，在方成里择地开辟史山社（今属长泰积山村）定居。后来，洪氏裔孙在史山兴建洪氏大祖祠，以祭祀始祖洪仁璲及各世宗祖。史山，由此成为洪仁璲后裔的堂号，人们也把长泰洪氏家族称为史山洪，延称至今。

据洪氏族谱记载，当时文常公三子皆移居至异地：长子邦兴移居甘棠；次子邦正亦于大元皇庆年间移居小鸬鹚；三子应隆移居南靖桥头，又有散处尧州龙眼城。公裔孙繁衍平和、诏安，台湾嘉义、宜兰，北京，广东，印度尼西亚，美国，日本，巴西等地。洪氏族谱记载洪氏在湖珠（小鸬鹚）的迁徙代代源流，族人遍布各个地区和国家。

即使远在外国，在其他地方，不少洪氏族人追随自己的祖先足迹回到自己的祖先祠堂，以解自己的乡愁。洪氏祠堂成为搭起那一缕乡愁的桥梁。

站在深井前，石条留着历史的痕迹，走到前厅，目光追随祠堂里保存的历代名牌匾，正堂屏风梁上悬挂“百代瞻依”匾，“燉煌衍派”灯号，两边有诗曰：创业莫忘先世德，家传惟愿裔孙贤。这是洪氏祠堂的祖训，也是对洪氏后裔的殷切期盼。高堂顶中央悬挂“懋德椿龄”匾，四边还有两个“五世三公”匾、解元匾等。让人津津乐道的是后厅楹桷处，那两个福寿字样各占一角，若隐若现的模样，仔细辨认才能认出来。这是从原来的祖厝移来的。它们是新旧的传承。

祠堂前厅

阳光照射下的洪氏祠堂

世世
61

洪氏祠堂有很多的传说。据民间传说：适时文常公于庵洋山筑厝，堪舆厝筑于田螺穴。而厝对面有田地数亩，似田螺嘴，邻里乡人议论说其田螺穴会让洪家独得。田主忧心，便请来风水师为其堪舆其地，经风水师堪舆，确认为田螺穴无误。后田主与风水师谋划使计：田主有子二人，假意让其两子在田里经常吵闹打架而不想干活，如此多次迷惑让洪厝老人赴往劝和。于备耕播种插秧时节，兄弟在田间又假意吵骂不想劳动，此时洪厝老人闻之探其究竟。田主告知两子不愿劳动，乃因地大劳动大，又说两子很难齐心，一个要干活，另一个不想干，问洪厝老人如何是好，请洪厝老人帮忙出个主意。洪厝老人思后提议将田地一分为二，在田地中央筑一条田埂为界，兄弟田地各半。田地就以洪厝大门对准，中央筑起一条田埂日后分开干活。后来洪氏祠堂才迁居到现在的地方。

史山洪后裔英才辈出。第九世洪休復武举人，第十世洪有容登进士，十三世洪锌中榜眼，宋朝以后元明清朝代，出类拔萃者也不乏其人。更有在抗日战争中英勇牺牲的印尼归侨洪氏族人洪炯桓烈士。1938年日寇空袭柳州时，洪炯桓驾机迎击，英勇奋战，终因众寡悬殊，被敌人围攻而机毁，为抗日而英勇献身。他的名字刻在南京抗日航空烈士纪念馆的石碑上。看着抗日烈士从稚嫩的读书郎到穿着军装一脸严肃的样子，我们仿佛看到时间就这样静悄悄流淌过去，只留下这些重要的资料和文字。

时间匆匆而过，夕阳开始照在祠堂中央深井的石条上，折射出不一样的风采。站在祠堂的中央往四处看，洪氏祠堂的各个角落到处都有历史的遗迹。四处都留下相关的介绍，我们追寻文字领略洪氏祠堂的历史底蕴。透过两扇大门，耳边响起洪氏家族老人娓娓道来每个文物的传奇故事、历史渊源，我们仿佛回到过去看到现在，还有殷切期盼美好的未来。

洪氏祠堂不仅仅是搭起乡愁的桥梁，更是洪氏族人不断发展不断进步的桥梁。它是历史的见证人，也是未来的期待者。洪氏族人在一代一代的传承中继承祖先的优秀品德，不断向各个领域发展，不断创新，创造出属于洪氏家族的辉煌，在洪氏族谱中继续书写属于他们的精彩。

（撰稿：张慧）

天妃宫
Tianfeigong

【年代】明代

【类别】古建筑

【所在地】福建省漳州市长泰区

【海拔】37 米

【经度、纬度】东经 : 117° 45'52.4"，北纬 : 24° 44'51.2"

（测点位置：前殿第一级台阶正中）

天妃宫位于福建省漳州市长泰区岩溪镇锦鳞村锦昌路 115 号。该庙始建明代，于 2006 年重修。建筑坐西北朝东南，通面阔 9.3 米，总进深 15 米，占地面积 139.98 平方米，石、砖、木结构，悬山顶燕尾脊，由前厅、天井、正殿组成。前厅第二级踏跺刻有圭脚纹，前厅面阔三间，进深二柱，明间内凹，次间铺设圭脚石，明间山堵石花岗岩制，浮雕人物、鹿等图案。天井两侧带过水廊道。正殿面阔三间，进深四柱（后檐墙承檩），金柱有题联两对。建筑的木雕、石雕等具有一定的历史、艺术价值。

天妃宫是莆田湄洲妈祖宫在长泰的分灵庙宇，奉祀妈祖——林默，宫位于龙津溪岸畔，祈求航运安全。天妃宫附近的叶、陈、蔡等姓先民，在明清以来，就陆续迁居台湾，现台胞经常回乡寻根认祖、祭祀妈祖。2011 年 12 月，天妃宫列入《福建省涉台文物名录》。

天妃宫外观

海之神

“护海威灵扬百域，升天古迹阅千秋。更喜祖宫人景仰，两岸心香岁岁稠。”这歌颂了亲爱的妈祖，作为沿海地区的精神信仰，是护海之神，人们常常在出海及远行之前，去妈祖庙祭拜以祈求平安，妈祖及妈祖文化大受推崇。为了纪念妈祖，人们修建了妈祖庙，分布在世界各地。岩溪天妃宫便是其中之一。

岩溪天妃宫，原来也曾称为“顶宫庙”和“祖婆庙”。它位于漳州市长泰区岩溪镇中心位置，地理环境得天独厚，环境优美。天妃宫里所供奉的为妈祖天妃，这一座明代宫庙，静静地藏匿在长泰岩溪镇这座小城镇，长期以来，这座始建于明嘉靖年间的古建筑名不见经传，并没有被众人所熟知。

经历风雨的洗礼，带着时代的痕迹，匆匆过去的数百年时光里，庙宇经历了多次的修整和重塑。天妃宫以不同以往的风貌，矗立在宽阔的岩溪镇的中心广场中央。天妃宫坐北朝东南，格局规整，装潢精美，整个建筑的风格是独特妈祖建筑风。新宫落成，宫庙富丽堂皇、宏伟壮观，重现了昔日的光辉。

岩溪天妃宫里供奉天妃的神龛之上有一块牌匾，牌匾上记载着福建水师提督施琅在平讨澎湖、台湾时妈祖天妃“涌泉济师”和“助战湿袍”的传奇事迹。殿里供奉着天妃手执玉笏的神像。这座神像被当地人亲切地称为“镇殿妈”。殿里还供奉着三宝佛像。在天妃宫的墙壁上有各种各样的壁画，画面都非常生动有趣，有飞禽，有走兽，画面感十足，使人不由产生“人在画中游”的联想，也引得不少游客前来拍照留念。除了有欣赏价值，天妃宫的背后还蕴含着深刻的情感。这一座座妈祖庙的背后，是对妈祖的怀念，更是乡愁的凝聚。

“兄弟，真的很感谢你那样用心准备，辛苦了！希望这是天妃迎开山、两岸妈祖情的起点，每年多办些这样的聚会活动，让两岸妈祖文化长长久久地传承下去。”这是台湾同胞写给叶拥军的句句真言，让人听了不禁心底泛起阵阵涟漪，由内而外感到一股暖流涌起。正所谓，“千里机会一线

天妃亭

印

牵”，这长泰天妃宫便是连接台湾和祖国大陆的其中一线。

为传承妈祖文化，加深妈祖文化间的交流，岩溪天妃宫主委叶拥军多次前往台湾，与台湾“拱范宫”秘书长沟通交流，安排实施了从“拱范宫”安排一位妈祖分灵到“岩溪天妃宫”的方案，组织了多场天妃宫参观交流活动。2014年6月25日，台湾39家宫庙代表在北港朝天宫副董事长蔡辅雄的带领下，到岩溪天妃宫进行了文化交流。2019年7月26日，岩溪天妃宫开展了恭迎台湾苗栗龙凤宫妈祖永久驻驾暨两岸妈祖文化交流庆典活动，以直播新媒体为媒介，进一步传播妈祖文化，也让世界各地的妈祖信众感受到岩溪美丽的自然风光和浓厚的妈祖信仰。以“妈祖”为渊，以“妈祖”为源，岩溪天妃宫通过自己的努力，将妈祖文化发扬光大，同时也大大加强了台湾和祖国大陆之间的联系。这一座座妈祖庙、一场场妈祖交流盛会，不仅象征妈祖文化的传承和发展，更是两岸交流的见证与象征。

自从第一座妈祖庙在湄洲岛建立到现在，在中国的福建、台湾，美国檀香山，东南亚等沿海地区各处都有妈祖庙的存在。岩溪天妃宫最初是在什么时候建的，暂时没有办法可考。据所存《重建天妃宫碑记》载：明万历辛丑年（1601）抗荷英雄、把部沈有容为谢神恩，重建天妃宫。天启元年（1621），红夷（荷兰）侵占漳州，天妃宫被毁。康熙二十五年（1686）再次重建。道光五年（1825）、道光十年（1830）、民国时期（20世纪30年代和1943年）、1981年又先后多次进行修建。

现在的岩溪天妃宫，经过多次修葺，整个格局更加具有观赏性，吸引了大批游客前来参观，成为游览打卡、祭拜祈福的好地方。在天妃史迹、历代经济史、航海史以及民族学、民俗学等方面，为我国提供了宝贵的历史资料。这凝聚着乡愁的天妃宫，承载着太多的情感，延续着的是对妈祖的感恩。

（撰稿：蔡阿施）

皇龙宫
Huanglonggong

【年代】唐—清代

【类别】古建筑

【所在地】福建省漳州市长泰区

【海拔】47 米

【经度、纬度】东经：117° 44' 54"，北纬：24° 45' 45"

（测点位置：宫前殿前廊第一级踏步正中）

皇龙宫位于福建省漳州市长泰区岩溪镇甘寨村巷口 146 号，始建于唐，历代均有修葺，清道光辛巳间（1821）重建，1993 年修缮。2016 年整体维修。

皇龙宫祀开漳圣王陈元光次女陈怀玉，怀玉随父南下平蛮，在董奉山殉难，武则天封其为巾帼义女，搭庙祭祀其父女神像，敕封其庙为皇龙宫。宫由前埕和主体建筑组成，总面阔 14.3 米，总进深 19.1 米，建筑面积为 273.13 平方米。前埕由花岗岩石板铺设。1996 年 7 月公布为第四批县级文物保护单位。

宫坐西北朝东南，石砖木架构，中轴线由前埕、前殿、天井、两侧廊房和主殿组成。前殿歇山顶燕尾脊板瓦屋面，面阔三间，设前廊，明间处内凹成轿厅，正中辟大门，大门下置石狮一对，两侧开方形螭虎窗，室内插柱叠斗承屋面，透雕弯枋相连；正中天井方形石板铺设，两侧廊房通往主殿；主殿悬山顶燕尾脊板瓦屋面，两侧带披檐，面阔五间，进深三间，明间两侧设两榀二通三瓜梁架，次间与梢间山墙相隔并直接承檩。宫外墙为砖砌，前殿次间山墙设花岗岩石板墙裙，下设浮雕花岗岩圭石；屋面檐口设勾头滴子；屋脊正脊为设有剪瓷雕装饰水车堵的燕尾脊，垂脊设牌头。

皇龙宫历史悠久，整体保存完好，宫内保存清乾隆八年（1743）立的“护林”碑，是古人护林防火的实物见证。墙上镶嵌着道光元年（1821）的“塘记”碑，记述着古人兴修水利的过程。

那缕香甜的乡愁

余光中先生站在海峡的那边唱着《乡愁》，那是对祖国的绵绵怀念，台湾还有那么一群人“自在飞花轻似梦，无边丝雨细如愁”。他们带着这份乡愁踏上了祖国这片热土寻根问祖、落叶归根。2003年2月，台湾乡亲曾组团到长泰甘寨皇龙宫进香。

皇龙宫位于岩溪镇甘寨村，也叫甘棠皇龙宫。甘棠皇龙宫建于乾隆八年（1743），有数百年历史。寨山后树木葱茏，四季常青、香火旺盛。而宫中奉有上帝、大帝天师等十九尊神像，皇龙宫实质是用来纪念陈怀玉郡主，及其父亲开漳圣王陈元光公。陈怀玉因助郑成功军队收复台湾立下丰功伟绩被尊称“第二圣母”。皇龙宫是甘寨陈氏子孙的保护神，也是台湾同胞心中牵挂的那一缕割不断的乡愁。

站在皇龙宫前，远眺西北方，有一尖尖的山峰叫董奉山。据史书记载，三国时期的董奉曾在此炼丹。董奉山上曾有庙宇十几间，香火一度旺盛。这些庙败落后，庙里的神像被村民搜集到皇龙宫中。

皇龙宫庙前有一座半月形水池，一方水土养育一方人。这半月形水池养育了一代又一代的陈氏子孙，也滋润了岁月，满载着人们的希望。后人便在池边立有三块碑。一块是1985年所立的石雕三尊石佛，阴刻石碑上释迦危坐正中，两侍者在两侧虔诚守护着。一块是1996年立的“古建筑皇龙宫”，碑文记载：“唐开漳圣王陈元光次女平闽中，在董奉山殉难，武则天收为巾帼义女，搭庙祭祀其义女神像，勒封其庙皇龙宫。”历史画卷在眼前缓缓打开了，柔懿夫人骁勇杀敌，英勇、果敢，敬佩之情令人油然而生。一块是乾隆八年（1743）所立的“会众演戏永远公禁”碑，石碑已斑驳，有些字已模糊，但陈氏子孙定不会忘记上面的碑文：“一不许放火焚

皇龙宫前的半月形水池

山；一不许盗砍杂木；一不许寨山挑土并割茅草；一不许盗买杂木。如违者罚戏一台，强违者绝子害孙。”陈氏子孙谨记公禁，热爱这片土地，守护这里的一草一木。山高树茂，那是陈氏子孙生生不息的希望。

皇龙宫右侧两棵大榕树像两位老人守护这里的一切。一棵枝干清秀，一棵满是根须。老书记笑着告诉我们，它们是一公一母的古树，相亲相爱彼此守护，见证了岁月里那永久不衰的故事。看着这两棵苍老却郁郁葱葱的古树，思绪仿佛被拉到了过去。当年董奉山里住着一帮蛮獠。陈元光带着女儿陈怀玉，与蛮獠展开激烈的战争。陈怀玉摆出八卦连环阵，以破敌阵。战斗惨烈，陈怀玉战死于此。武则天得知后，收其为巾帼义女，搭庙祭祀陈怀玉，勒封其庙“皇龙宫”。陈怀玉是这座庙宇的主神，与神医董

奉神像共同摆在庙内，被民众祭拜。皇龙宫这座庙宇和这两棵榕树庇佑着世世代代的村民幸福安康。

我们来到了庙门前，眼前一亮，前埕地面的正中有一块约1米长的石条，中凿凹沟，沟上放一石研磨轮。研磨轮已斑驳古老，像在诉说着那远去的历史。据老书记介绍，这是因为庙里奉有董奉药师，所以庙外有这个石药槽。

皇龙宫是模仿宫廷式建筑，宏伟壮观，不失皇家气派。皇龙宫与一般庙宇不同，分为前厅后殿两进。神奇的是，后殿的墙基比前厅左右的墙基各移出1米，后殿的厅墙与外墙构成内室，整个建筑呈一个“凸”字状。抬头看，屋顶有14道燕尾脊，龙、凤、麒麟、花草彩瓷片装饰着整座建筑。映入眼帘的金碧辉煌，似乎在告诉后人这里曾经的辉煌。庙正大门边有一对石狮，石门梁刻有双龙戏珠，墙上镶着透雕石窗。这石窗内住着一代又一代相亲相爱的陈氏子孙。大门边设两个小门，门面相对。进门后，前厅左右各一浮雕石柱，雕刻着超然高洁的菊花、傲气凌寒的梅花和各种飞禽走兽，蔚为大观。前厅后面为天井，两边为廊庑，各有一方柱，四面均雕刻有花草鸟兽及人物，宛如八幅条屏画，让人目不暇接。天井后为正殿，前面是两根八角形石柱，刻有以原宫名凤龙宫的“凤”“龙”两字为首的镶字联：“凤发棠林晓

门口的石狮

日曈昽似帝阙，龙蟠丹灶祥云隐现护皇坛。”八角形方柱，四面均雕刻有花草鸟兽及人物，以及八仙的雕像，依稀可以辨认出，背后插着笛子的是韩湘子，手提花篮的是何仙姑。一般神仙的形象，脚上踩的不是祥云就是瑞兽。但这两根柱子上的神仙，脚下踩的是鱼、螃蟹、乌贼、海螺等海洋生物。如此奇景，让人惊叹不已。八角形石柱的后面是一对镂空雕蟠龙石柱，柱径最宽处有70厘米。龙鳞栩栩如生。老书记告诉我们，只有皇宫才是五爪金龙，一般民间是三爪金龙，而皇龙宫却是四爪金龙。在石柱的下方，刻有波浪花纹，浪间还有小鲤鱼和小龙浮游的形象，既展示了龙跃水面的雄姿，也寓有“鲤鱼跳龙门”之意。龙柱的后面是两根圆柱。方形、圆形、八角形，浮雕、镂空雕等各种形式工艺精美的石柱，让皇龙宫更显气派，熠熠生辉。

甘寨陈氏子孙不忘陈怀玉郡主及其父亲开漳圣王陈元光公，世世代代保护修葺皇龙宫，更不忘陈怀玉神助郑成功军队收复台湾所立的丰功伟绩，陈怀玉是台湾同胞心目中的柔懿夫人。于是，在皇龙宫的后面左侧修建了一座造型像是帆船的水池，中间立一大石，像是船帆，上刻“巾帼义女”。据史载，明末郑成功为收复台湾，驱逐荷兰殖民者，渡海东征，东山县铜体村数十名青年渔民驾船，自愿跟随郑成功军队出征。起航前，父老乡亲把东山县净山名院的“妈祖”陈怀玉雕像奉上战船，以保佑出征凯旋。因庙里的“妈祖”随船出征，神去庙空，便又雕塑了一尊供奉。收复台湾后，出征的“妈祖”重返净山名院变成一神二像。后经商议，认为两尊女神均有抗御外侮、收回国土的神功，两尊神像被并列供奉，称原先雕塑的那一尊为“大妈”，而后雕塑的那一尊则称为“二妈”。因陈怀玉系陈元光次女，又称“玉二妈”。台湾收复后，人们念念不忘陈怀玉神助郑成功军队收复台湾所立下的丰功伟绩，在台湾的台北、台南、台中、高雄、桃园、基隆、嘉义等地都有玉二妈庙，信徒多达数十万人。在台湾同胞心目中，柔懿夫人陈怀玉可与航海保护神林默娘妈祖平起平坐，故有“第二圣母”的尊称。

皇龙宫屋顶内部结构

皇龙宫搭起了一座桥梁，台湾乡亲心中魂牵梦绕的那缕乡愁终于找到了根。2003年2月，台湾乡亲曾组团到长泰皇龙宫进香。多年来，台湾宗亲多次组团到皇龙宫进香。甘棠皇龙宫理事受台湾福安宫邀请，到台湾福安宫、万年殿、万福宫、清王宫，进行宗教文化交流活动。

此刻，台湾蝴蝶兰还没有开，但微风中飘来了淡淡香甜，那是台湾乡亲心中那缕香甜的乡愁，从台湾的每个角落沁入那一湾浅浅的海峡漂洋过海，洒落在台湾的那头，飘落在大陆的这一头，缓缓地，丝丝地，融在了一起，血脉相连。

（撰稿：陈巧妙）

陈氏宗祠瞻依堂

Chenshi Zongci Zhanyitang

【年代】明—民国

【类别】古建筑

【所在地】福建省漳州市长泰区

【海拔】42 米

【经度、纬度】东经：117° 45' 07"，北纬：24° 45' 50"

（测点位置：宗祠前厅前廊第一级踏步正中）

陈氏宗祠瞻依堂位于福建省漳州市长泰县岩溪镇甘寨村巷口 42-1 号。始建于明代；清顺治年间原址扩建，历代皆有修葺；1984 年维修屋面及室内铺地；2004 年维修祠埕；2018 年整体维修。

陈氏宗祠瞻依堂系长泰县岩溪镇甘寨村陈氏家族共有的大宗祠。宗祠由祠埕和主体建筑组成，占地面积 2096 平方米，主体建筑五开间，两落一进院，总面阔 19.78 米，总进深 30.09 米，建筑面积 595.2 平方米，祠埕花岗岩条石板铺设。2018 年 9 月公布为福建省第九批省级文物保护单位，文件划定保护范围为“建筑四周各向外延伸 20 米”。

宗祠坐西北朝东南，砖木结构，悬山顶燕尾脊式板瓦屋面，中轴线由埕、前厅、天井、廊房和主堂组成。祠埕正中设三级踏步上前厅前廊，前厅明间内凹成轿厅，设双开大门三副，两侧设边门与次间相通，正大门下设青石抱鼓石一对。前厅明次间进深三间，梢间减柱为一间，明间两侧设四柱三瓜九檩前后有挑式木构梁架，两侧次间与梢间之间各设一榀二柱五瓜九檩前后有挑式木构梁架，梢间山墙搁檩。天井地面分三格，中部为甬道，花岗岩条石铺设，两侧浮雕斜万字纹花砖铺设，靠主堂中部设花岗岩垂带踏步上主堂。两侧设过水廊房，各设两榀二柱二瓜六檩前后有挑，抬梁式木构梁架，中部屋面做卷棚式。主堂明次间进深三间，梢间为山墙承檩隔为房间，进深第二间地面高于第一间0.1米，明间两侧设四柱九瓜十五檩前后有挑，抬梁式木构梁架；东西次间与梢间之间各设砖墙承檩；梢间独立为一个房间，青砖山墙直接承檩。宗祠山墙下部花岗岩条石叠砌，上部青砖清水砌筑；室内地面红砖铺设；屋面铺设素面板瓦，檐口石灰砂浆封边。屋脊正脊为设有灰塑装饰水车堵的燕尾脊。

宗祠现存梁架大木高度保持清代闽南建筑的法式特征，宗祠木构用材硕大，梁架间少有雕饰，风格朴素浑厚。甘寨陈氏族人从清乾隆年间开始迁播台湾。陈氏宗祠瞻依堂是海峡两岸陈氏宗亲共有的家庙祖地，渊源颇深，2011年12月被省文化厅列入《福建省涉台文物名录》。

聆听乡愁的回声

无论哪个季节，无论身在何方，萦绕在陈氏游子心头和脑海的，总有那故乡的袅袅炊烟和潺潺溪水，总有那故乡的篱笆矮墙和柴垛灶坑，总有那故乡的蛙叫虫鸣和鸡鸣犬吠，总有那故乡母亲的声声呼唤和故乡的宗祠——陈氏瞻依堂。

甘寨村陈氏的肇基祖德合（1277—1386）为唐开漳陈政的第二十五世孙，原居北溪绿江，1351年因水患，携妻儿迁居现岩溪镇甘寨村，开山辟地，繁衍生息。陈氏瞻依堂位于长泰区岩溪镇甘寨村巷口社，始建于元至正二十一年（1361），至今已六百六十多年，清顺治十八年（1661）扩建。瞻依堂坐西北朝东南，由祠埕、前厅、天井、两廊房、主堂组成，占地面积2096平方米。这种大开间、高举折的格局与气势规模，在同类建筑中极为少见，堪称闽南一带古建筑的特殊个例。

瞻依堂主堂

瞻依堂墙上写着“忠孝廉节”

燕尾脊

石旗杆

在瞻依堂前埕，立着几根由大理石铸成的石旗杆。问过老人家才知道，原来这是之前宗族里有当过大官、光宗耀祖的人才配立杆。虽说在“文革”期间遭到破坏，但是后代们还是尽心尽力地将其修缮，可见宗祠在他们心中的分量。具有年代感的瞻依堂与四周林立的民房高楼似乎格格不入，却又是那样与众不同。高高翘起的燕尾脊诉说着昨日的故事。流畅的曲线飞扬挺拔，轻巧、俊逸的燕尾剪出了岁月的流光。红的、绿的，精致细腻的各种装饰，飞龙彩凤一跃脊上，合着七彩的云纹装饰，这般传神动人，着实叫人惊叹祖先的鬼斧神工。青砖红瓦饱经风霜，见证了宗族的兴盛荣衰，让人不禁肃然起敬。

踏入瞻依堂，最先映入眼帘的是满地铺设的破旧不堪的红地砖，让人一下子仿佛穿越至历史长河之中，来来往往的是一代又一代的陈氏子孙。民国至今，虽有小修，但仍保持清代闽南建筑的特征。上厅屹立着六根粗壮的木柱实为引人注目，表面的油亮的红漆虽说是新的，还是掩盖不住岁月的痕迹，木头里的裂缝正一丝一点地加深延长，木柱下边还都配置了庞大的鼓形柱础。宗祠木构用材硕大，梁架间少有雕饰，风格朴素浑厚。陈氏先人特别强调自立自强，宗祠所用材料全部取自当地，皆自己动手制作而成。据说，这些木柱、梁架以及门口的一对抱鼓石，都是从清代遗留至今，使得整座宗祠表现出十分强烈的清代特征。“依旧修旧”是陈氏瞻依堂秉持的修缮原则，尽量保持历史文物最原始的风貌，让后人能够瞻仰祖先的心血，领悟传承下来的宗族信念和使命感。

上厅两边粉白的墙上，印拓了清代著名书法家朱熹书写的“忠孝廉节”四个大字，白墙黑字显得格外清晰耀眼。抬头欣赏之余，发现了一点端倪：这四个字经常出现在各地宗祠，但是这里的却有与其他地方不同之处。与众不同之处就在“孝”这个字。这名书法家有自己的巧思在里头，如若没有一双“火眼金睛”或旁人指点，可是不能轻易发现的呢！“孝”的第一笔可有大文章，仔细分辨，依稀可以看出短横的右边仿佛是一个仰起的人头，而短横的左边似乎是一个狰狞的狗头。设计这样的含义是：教育后代子孙，百善孝为先。所以只有孝敬长辈的人才称得上是陈氏子孙，才能面朝宗祠里的祖先们。而那些不懂得孝顺父母的不配踏入陈氏宗祠，所以面朝外，也称不上是人，跟狗、牲畜没什么两样。巧思！巧思！真是让人不禁感慨这真是妙啊！

环视宗祠内部四周，墙壁上还挂了“陈氏祖训”和“陈氏家训”，“读书为重，次即农桑。取之有道，工贾何妨。礼义廉耻，四维必张。处于家也，可表可坊……”这是陈氏祖训的开篇，训诫后人以读书为重。陈氏先人立下家规家训，还刻入石碑，希望子孙后代自力更生，艰苦奋斗，同时保护生态环境，希望陈氏子孙将祖祖辈辈的谆谆教诲谨记于心。在主堂的梁架上还挂满了许多解元、岁贡、拔贡、武魁等匾额，可见陈氏子孙文武皆辈出人才。还有唯一的一个陆军中将匾额，这是陈氏瞻依堂后裔前国民党陆军中将陈林荣。陈氏瞻依堂一直恪守着陈氏祖训，非常重视子孙的德才教育，故培养出了一大批英才名人及有识之士，为家族、国家增光添彩。

2004年，瞻依堂祖厝被列为漳州市文物保护单位。2017年，陈氏宗祠瞻依堂被列入福建省第九批省级文物保护单位。陈氏瞻依堂还是重要的涉台文物，在反映闽台关系史方面具有突出的价值，其涉台渊源关系深厚，迁徙脉络明晰可考。前国民党陆军中将陈林荣、陈启基等均是从瞻依堂走出。从郑成功收复台湾时期直到道光年间，陈氏多次组织大批族人渡台，现主要聚居在云林、高雄、屏东、彰化、嘉义等地，陈氏瞻依堂成为联系海内外陈氏宗亲的重要纽带。

悠悠天宇旷，切切故乡情。聆听乡愁的回声，岁月尘封的记忆依然在敲打着游子的心。

（撰稿：叶卉如）

霞美林氏宗祠
Xiamei Linshi Zongci

【年代】清代

【类别】古建筑

【所在地】福建省漳州市长泰区

【海拔】54 米

【经度、纬度】东经：117° 46'34.8"，北纬：24° 46'19.7"

（测点位置：前厅第一级台阶正中）

霞美林氏宗祠位于福建省漳州市长泰区岩溪镇霞美村中央社 80 号。宗祠据传始建于宋末，明洪武元年（1368）维修，清乾隆三十五年（1770）重建。坐西南向东北，通面阔 16.1 米，总进深 25.7 米，占地面积 414.94 平方米，石、砖、木结构，硬山顶燕尾脊，由前厅、天井、正堂组成。前厅明间内凹，面阔五间，进深三柱，明间梁架抬梁式，明、次间铺设圭脚石，前厅外檐悬挂“林氏祠堂”匾额一方，内檐悬挂“贡生”“旌孝”“贡元”匾额三方。天井内作一甬道，两侧廊道皆为卷棚顶。正堂面阔五间，两侧梢间各为耳室，明间梁架抬梁式，正堂内悬“追远堂”“文魁”“武魁”“陆军中将”等匾额四方。

宗祠内前厅放置一通清代石碑，花岗岩质地，边框浮雕纹饰，碑首横刻“修大祠堂石□”，落款“大清乾隆三十五年腊月”。石碑高1.83米，宽1.02米，厚0.23米。宗祠前有二级埕地。该建筑具有一定的历史价值。该宗祠有着深厚涉台渊源，据《霞坂林氏祖谱》记载，清代，该村林氏后裔有部分迁居台湾。如今，与台湾林氏裔孙仍有来往。2011年12月，霞美林氏宗祠列入《福建省涉台文物名录》。

向山之林

翠绿的鸟鸣飞过良岗山的山脚而来，穿过树叶下的露珠，整座村庄颤抖了一下，最终也没打开那锈迹斑斑的门锁。林氏宗祠，我读不到它内部的故事，只能臆想故事里挂满静静的灰尘。

世界之大，无奇不有，甚是宽广的中国疆域，自然风光各异。霞美村，隐匿在戴云山脉良岗山脚下的一个宁静小村，背靠山脚，两面临村。从远处看，就能看到整个村庄的全貌，这个小村庄选择的位置也是相当不错，背面全是青山，甚至就像是金元宝一样地重复在后面出现，这个小村庄也是被后面的大山保护着，一些相对比较恶劣的天气是无法影响到这里面的居民的。

在霞美林氏祠堂一起看电视的居民

霞美林氏祠堂外观

霞美村，又名霞坂村。相传明朝时期，林初仔家业农事，亲至孝义，早适田所遇虎，按于地，初遥望见之冒前搏虎以身卫父，怯而退，父因得全，初仔亦不被伤，乡人异之，有司次闻诏，为表彰孝子林初，立“宗孝祠”，改为旌孝里。清代沿用，至民国时期，废除里制，成为霞坂保。后经数次改革，今称霞美村。

霞坂林氏始祖为仲政公（又名深章），于南宋孝宗或光宗年间（1180—1197）由华安仙都（宜昭）移居霞坂，至今已有800多年。这里，霞坂林氏子孙不辞劳苦，辛勤奋斗，不断创业，至清中期，霞坂人烟稠密，百业兴旺，村民居住涉及周围的大小山脉，如石空、浮山、草坂、东山、罗贝、后笼宫等。

林氏宗祠，供奉着本姓霞坂开基始祖仲政公，始建于宋代，占地面积670平方米，清乾隆三十五年（1770）曾有修缮（石碑文记载）。祠堂坐西南向东北，青砖墙，抬梁混合式木构架，硬山式屋顶，由前厅、天井、正堂及左右过水廊道组成四合式院落。正堂厅上八柱四梁，雕梁画栋，保留明清时代的石柱础，其门前及正堂砛石板之大，乃长泰诸古建筑之冠。

一眼望去，山腰石头边上恰好有一迎客松。一侧枝丫伸出，如人伸出一只臂膀欢迎远道而来的客人，另一只手优雅地斜插在裤兜里，雍容大度，姿态优美。谁说山里冷，好客霞坂人，让人一感这个山村好温暖。

霞坂村，是湖珠、龙涓、坂里通往岩溪小镇的必经之道，正是大山与盆地的交会之地。黄昏时分，风就顺着山腰走来了。山里的风很轻很鲜，有一股刚刚翻过的泥土的味道，那味道是从北山坡传过来的。只要你肯坐在任一屋前的小板凳上，这里的阿公阿婆、阿姐阿哥便会为你呈上一杯温开水。即便是寒冬，依然能暖暖的。

到了夜晚，最美的要数良岗山了。站在山脚下向上而望，整座山被美丽的星空照耀着。而这个小山村——霞坂，不仅有星空，还有周围的山峰与美艳的路灯，一起走进一场乡愁和向往交融的灯光秀中。想象美丽的灯光，伴随动听的山鸟音乐，我们想象不出山林夜空下的人们正是“亘古忠臣”比干的后人。

知祖德，敬祖宗，是我们中华民族优良的传统。翻阅《霞坂林氏族谱》，林氏功德历历在目。“振忠孝雄声，兴百世家业。”“敬上老、惜下幼、殚心志、学科学、明事理。”“分忠谗、建功业、尊贤才、广积德、富思源。”霞坂林氏的祖训，句句言简意赅。

林氏家风，或曰中国传统式的遗风，可用两个词来概括：“读书”与“做人”。但是，霞坂林氏这代人并不是从学校学会这两个词的，而是从家里承学而来的。正是传承林氏家风，成就了一代代的林氏名贤，有明清时期的贡士林德成、林士友、林会奇等，也有组织千人民团保卫家乡的带头人——林希兰，还有建间师管学兵队少校队长、本县民兵团少校林冠雄，保安九团中队长林和荣，特别是官拜国民军事委员会中将参议兼占区军风纪、第一巡察团主任的林荣。

1987年12月中旬，台湾高雄同胞林章盛先生取道香港，抵达厦门，驱车赶到长泰，一路探寻林氏宗亲的祖籍地。从族谱上看，林姓迁台后裔已传到第八代，由此推算，林姓先人移台时间可能是在清乾隆初期。在这漫长的岁月里，人事更替，沧桑屡易。林姓在长泰分布较广，不少村社都有林姓聚族而居，仅靠一张先人留下来的世系图上“漳州市府长泰县下半尾田中央”的字样，要查考林章盛先生先人的祖地实属不易，接待人员一路

祠堂内“贡生”匾额　　祠堂内“陆军中将”匾额

走访了长泰老一辈人士，根据提供线索又查阅有关史料，验证“下半尾田中央”就是现在岩溪镇霞美村的下坂尾，林章盛先生喜出望外，满怀喜悦驱车直奔霞美村。乡亲们预先得到消息，男女老少奔出家门，向远道而来的台湾同胞招手致意。林章盛先生非常激动，情不自禁地说：“我总算回到自己的祖家啦！”他爽朗地对乡亲们说：“我是代表台湾的林氏宗亲回来寻根认祖的！”霞美村的乡亲们热情、好客，竞相捧来长泰上等芦柑，敬宾品尝，厚礼相待。林章盛先生此行寻根访祖，虽然只有短短一天，但他精力充沛，查考了林姓氏族的源流和先贤林震的事迹，带回宗亲的情谊，依依惜别。临行前，林章盛先生还向乡亲们表示：明年开春一定带更多的台湾宗亲回霞美村会亲谒祖。

1988年4月22日，以林章盛先生为向导，高雄县、市的林氏堂侄一行八人，分乘两次班机飞厦，先后到达长泰。霞美村家家户户喜气盈门，数百人济济一堂参与盛会，村主任和村党支部书记代表祖家乡亲致辞欢迎。台湾宗亲向村里赠送一台彩电，并设筵答谢全村父老乡亲。两地宗亲会聚一堂，促膝欢叙，充满敦宗睦族的热烈气氛。4月25日，台湾林氏宗亲万分欣慰而又别情依依地离开霞美村。

闽台两地林姓族人会亲霞美村，血浓于水、源远流长的骨肉情谊，是时间与空间所不能切断的。

（撰稿：蔡玉连）

杨积源故居
Yangjiyuan Guju

【年代】清代

【类别】古建筑

【所在地】福建省漳州市长泰区

【海拔】16 米

【经度、纬度】东经：117° 47 '32"，北纬：24° 47 '24 "

（测点位置：建筑前厅前廊第一级踏步正中）

杨积源故居又称杨氏老爹厝，位于漳州市长泰区武安镇长泰实验小学（原长泰一中）内，始建于清代，坐西北向东南。建筑前后三落加西厢房，前有大埕。建筑面阔 27.24 米，进深 40.49 米，建筑面积 1102.95 平方米。建筑面阔五间，前落为门厅，中落为主堂，前落和主堂明次间设木构梁架，通透无隔墙，形成宽敞空间，两落之间设天井和东西过水廊相连。东西梢间与明次间用砖墙相隔，设偏门与明次间相通，梢间前后两落之间设天井。后堂为五开间，明间无前檐墙，开敞与前通廊形成宽阔空间，明次间山墙相隔作为居住房间。后堂与主堂间设天井，天井两侧设过水廊房。西厢房与大厝前后设三条通廊连接，厢房共有十二间，分三组，每组均为一个无隔断的三开间和一间砖墙隔开的房间组成，三开间设木构梁架支撑屋面，三开间的明间前檐设隔扇，次间为砖墙。厢房和大厝之间通道因有过廊，形成三个天井空间。故居前为宽广的大埕，后为较高的台地。

该建筑为长泰杨氏宗祠后庵大祖四房子孙杨积源所建。清乾隆五十三年（1788），举人杨积源在任深泽县知县后回归故里，修建了这座二进的大瓦房。新中国成立前，杨家四房祖祠（老爹厝）曾经出借给印尼归国华侨杨番眼（杨文鹊之父）居住。故该建筑具有一定的涉侨渊源。

老爹厝外墙一侧

老爹厝，见证了长泰百年科举教育的发展

长泰南门，登科山东麓，中山南路武安牌坊群世科坊前左旁，有一组三落大厝，条石青砖墙体，飞檐灰瓦，古旧苍凉，但岁月的沧桑，仍难掩其曾经的恢宏大气，这就是世称的南门杨积源老爹厝。

杨氏四房老爹厝，又称南门杨氏祠堂，坐西北向东南，始建于清代乾隆年间，前、中、后三落大厝纵向排列。大门中正内敛，左右青黑石鼓，可惜十几年前已被偷盗，记忆中雕刻着许多花草动物。左右相抱的小门的门楣上，镌刻着“左昭”“右穆”，字体刚健俊秀，潇洒飘逸，可见建造

者文化造诣相当高，在思想上对宗法制度极其推崇重视。大厝建造者杨积源，字达夫，县城南门人，乾隆五十三年（1788）举人，曾任广西昭平县知县。杨积源，本地已少有人知了。虽然曾经贵为知县，或许曾有德政留于其任地，但留在长泰的两大文化遗产，一是根据孝子陈耸的传说所题的正顺庙大门联“格天孝德凫飞舄，奠国神功石作磬”，一是这座大厝。一生中能留下这两大遗产给后人，在这小城区，对于普通人而言，已是很了不起了。

走入老爹厝，就好像在阅读一部长泰古代科举文化和现代教育发展的历史。重视教化，历来是长泰人立身处世的宗旨。杨家也不例外，甚至是重视科教文化的佼佼者和典范。

据说杨积源是长泰开县元勋“武胜公”杨海后裔。杨氏一门清白家风，耕读传家，科甲鸿儒层出不穷。明朝有一门父子三举人的杨泰、杨莹钟、杨鼎钟。杨莹钟中万历三十二年（1604）进士，历任户部主事、知府、广西布政使，体恤民艰修建育婴堂，安定地方，为政多有建树。《漳州府志》称：

“知县杨积源故居”匾额

“杨氏之当官牧民，犹见两汉吏绩焉！夫何泰邑之多君子也，天成奇绝著图经然。”杨氏勤学成才，建功立业的家风世代相传。

溯源杨积源世系，我们惊奇地感到，杨家一脉，杨国正—杨日焕—杨新基—杨积源，在科举文化方面取得的耀眼的成绩。

杨国正，原名国桢，字珍山，出身贫寒家庭，刻苦力学，精于文学，为清康熙三十七年(1698)贡士，戊寅五经选拔本县教谕。他敦行孝友，事父母至孝，对亲友至诚，为人慷慨，享有声望。晚年任讼师，为穷苦百姓代言。有《登石冈文昌阁》等诗传世。

杨国正子杨日焕，字东阳，乾隆十六年(1751)辛未科岁贡。长泰城东门人。力学好古，学识广博，尤精湛于河洛之旨。凡知县上任后，都登门造访请教，在百姓中享有声望。乾隆年间杨日焕受聘任《长泰县志》总辑，有《瑞烟岩》等诗传世。

杨日焕之子杨新基，国正公长孙，乾隆九年(1744)甲子科举人，任四川纳谿县知县。其刚直好义，捐金倡建县堂谯楼，事载在碑记内。国正公曾孙杨积源乾隆五十三年(1788)中举人，任广西昭平知县。

老爹厝屋顶一观

老爹厝内石凳

十年窗下无人问，一举成名天下知。在古代，一个村社，能中举已是凤毛麟角，而杨家在近百年内，四人名登科甲，实属罕见。究其原因，除了长泰地域状元文化的砥砺，又与本族上承先人遗风影响，即与杨国正重视教育学习的训示息息相关。

据清乾隆《长泰县志》记载，“杨国正，原名国桢，在坊人戊寅五经选拔，截选教谕，敦行孝友，晚尤嗜学，作帐铭以自箴。其一曰：三更以后，五更以前，暑则蹇帷，寒则笼烟。其二曰：夜阑神静，昧爽气清，体认天理，虽愚必明。其三曰：日之所为，夜则思之，息偃在床，毋即于嬉。其四曰：六经诸子，精义宏深，焚膏继晷，密咏恬吟。其五曰：毋谓已倦，劳则神生，疲由于逸，床笫多情。其六曰：逸欲毒人，百令不行，枕边帐里，发甲兴兵。其七曰：于戏，尔年虽老，尔德未成，顾兹箴诲，业业兢兢。”

细品句句有理，实诚宝之，即使今日，犹能当作座右铭！进业、修身、明理，终日学习，终身学习，这正是杨氏一门人才辈出的根蒂！

时序更替，斗转星移。1944年，老爹厝与薛氏祠堂一并借给长泰简易师范学校（长泰一中前身）做校舍使用。欲兴教

育，必先重视教师。简师校长叶济川，岩溪珪后人，1938年毕业于厦门大学教育系，偕夫人陈淑金（福州三坊七巷人）从福州归来，创办长泰简易师范学校，在这里辛勤耕耘，为长泰教育发展播撒星星之火种。这里，传出了琅琅的读书声，这些从简易师范学校毕业的学生，走向了长泰各地乡村学校，为长泰教育的普及和发展，贡献了巨大的力量，成为乡村教师的骨干力量。简师学生张银锥、张大总、郑玉书等诸人，成为各地乡村小学的校长，甚至个别优秀学生如张然，从简师毕业后，走出长泰，再继续深造奋斗，成为名扬天下的教练员。

姚英民，毕业于复旦大学，曾担任国民党长泰县党部书记，成为长泰第一中学首任校长。简易师范也并入长泰一中，叶济川任教务长，负责实际教学工作。当年教师不多，学生不多，但高水平的师资人才，教师严谨负责的教学态度，爱生如子的教育情怀，使长泰一中迅速发展成为长泰最引人关注的人才培养摇篮。从这里，走出了一批又一批优秀学生，走向全国各地和海内外，这里成为许多学生美好记忆的乐园。

20世纪80年代，部分侨居海外的杨氏后人，曾回祠堂拜谒，并捐献给一中人民币3000元。身居海外，依然关心支持家乡教育事业的发展，诚可赞可叹。

直至20世纪90年代，一中教室不断兴建扩大。这里虽不再作为教室，但这里有的作为学校印刷厂，有的作为教师宿舍，仍然是学校教育发展的重要组成部分。

这座古厝，世代传承着一种重视科举文化教育的良好家风学风，见证了一个地方的教育文化的发展。古厝深深，静默无言，成为历史永恒的记忆，成为杨氏后人魂牵梦绕的地方。

（撰稿：张森文）

南岳正顺庙
Nanyue Zhengshunmiao

【年代】元代

【类别】古建筑

【所在地】福建省漳州市长泰区

【海拔】16 米

【经度、纬度】东经：117° 45' 26"，北纬：24° 37' 22"

（测点位置：庙前殿前廊第一级踏步正中）

南岳正顺庙位于福建省漳州市长泰区武安镇城关村建设南路 248 号。始建于元至正十九年（1359），屡有修茸。1989 年，台胞出资修缮；1992 年起，先后维修前埕、古井，新建山门、戏台、围墙和孝子阁。

南岳正顺庙又称圣侯庙，由山门、戏台、孝子阁、前埕和主体建筑组成，占地面积 1216 平方米，主体建筑三开间，两落一进院，总面阔 15.5 米，总进深 24.9 米，建筑面积 385.9 平方米，前埕花岗岩条石铺设。1999 年 4 月公布为长泰县第五批县级文物保护单位。

庙坐北朝南，土木结构，硬山顶燕尾脊式板瓦屋面，中轴线由埕、

前殿、天井廊房和主殿组成。前埕花岗岩条石铺设，正中设三级垂带踏步上前殿前廊，明间设双开大门三副，正大门下设石门箱一对，两侧次门各设石狮一尊。前殿进深设二柱，明间两侧各设穿斗抬梁混合式梁架。天井地面花岗岩条石铺设，中设甬道，靠主殿中部设三级踏步上主殿。两侧设过水廊房。主殿步口廊地面低于进深第二间地面0.08米，进深设三柱，为抬梁穿斗混合式梁架。建筑室内明堂通透，梁架斗拱间装饰精美雕刻花板和雀替等，种类繁多，雕刻工艺精湛。庙宇山墙三合土夯筑，外墙面做朱红色仿砖纹面，内墙面抹白灰；室内地面铺设红地砖；屋面铺设素面板瓦，檐口石灰砂浆封边。屋脊正脊为设有灰塑和剪瓷雕装饰水车堵的燕尾脊，脊上还饰有双龙戏珠等剪瓷雕，垂脊设牌头。

南岳正顺庙始建至今已有六百四十余年，历史悠久，现保存始建格局，时代特征明显，建筑装饰精美，为长泰寺庙建筑的代表之一。清代时，移居台湾的长泰先民将正顺庙香火引至台湾，在彰化县桃源里，建“泰源宫”，两地至今来往甚密。南岳正顺庙系福建省首批涉台文物点，渊源十分深远。

孝行天下圣侯公

因孝成神，香火远播闽台两岸，成为众人世代膜拜的神明，成为长泰千年古县史上第一个，也是唯一一个被古代封建帝王敕封为神的人，他就是南门正顺庙供奉的英烈圣侯。

正顺庙碑记

长泰有大大小小数百间寺、庙、岩、庵、亭、堂，供奉着开天辟地以来的众多神佛，但只有南门正顺庙供奉的英烈圣侯，是土生土长的本地人，是县域香火最为旺盛的神庙之一，表现人们对孝道思想的信奉和推崇。

清康熙《长泰县志·仙释》有元代长泰县令蔡淳所记的一段文字："陈斧，东城人，少倜傥，尝语人曰：'吾生不能膺侯封，死当为神明，享庙祀。'殁而有灵。元至正间，令蔡淳为记。"

元代邑人陈斧，是县衙门里的一名普通差役，常常做些传递公文的差事。陈斧为人豪爽、乐于助人、勤于公务，尤使百姓所称道的是陈斧孝敬母亲的故事和美德，在民间世代流传，许多离奇的故事，至今依然为人所津津乐道。

第一则是"驿道买汤圆"。相传，有一天，陈斧办完公事路过九龙岭驿道，看到一老翁如往常一样，摆摊卖汤圆，不时吆喝："卖汤圆啊，一个铜钱买一粒，两个铜钱由你吃顿饱。"买汤圆吃的人不少，陈斧往摊上的锅中一看，汤圆浮动在汤中，晶莹润滑，且香气扑鼻，便走到摊前，掏出一个铜钱递给老翁，要买一个汤圆。老翁说："年轻人，付两个铜钱就让你吃顿饱。你怎么只买一个呢？"陈斧笑着说："我不吃，看到这汤圆又大又香，要买一个带回家给母亲尝尝。"老翁听了觉得奇怪，因为自己自摆摊以来，很少人只买一个汤圆，更没有买汤圆不吃要带回给母亲吃的。老翁不由再问："为什么呢？"陈斧回答："我家虽然贫穷，但母亲生育之恩不能忘，一粒汤圆也是做儿子的一点情。"老翁赞赏地说："年轻人，你有尽孝的好品行，今天我送你汤圆，不收你的钱。"随即用芋叶包了几粒汤圆，让陈斧带回家孝敬母亲。

第二则是"背仙人过河"。相传八仙之一的铁拐李云游四方，考察世人，有一次他化为乞丐，在一个村落边的小溪旁歇息。陈斧办完公事正路过那里，铁拐李对陈斧说："年轻人，我行走不便，能否背我过溪？"陈斧一看这个乞丐，赤着双脚，一条腿生疮，红肿肿的还流着脓，发出臭味。可陈耷毫不犹豫，对乞丐说：“大伯，这是小事，我背你过去。”便把这个乞丐背过小溪。其时，陈耷一看，乞丐腿上的脓水沾污了自己的衣裤，但却没有一点怨气。陈耷正要继续上路时，乞丐又说：“年轻人，刚才我的拐杖忘记拿了，没有拐杖我是走不了路的，只得麻烦你再帮助我了。”陈耷二话不说，蹚过小溪把放在对岸的拐杖拿过来，依然没有一点怨气。这时，乞丐又对陈耷说：“年轻人，真的对不起了，刚才我考虑不周，现在天色已晚，我走不了多远的路，想回到对岸的村落歇息，能否再背我回对岸？”陈耷又二话不说，背着乞丐蹚过小溪，回到乞丐最初的歇息处。陈耷心平气和安慰乞丐：“大伯，还需要我做些什么？”乞丐笑着摇了摇头说：“不用了。”又笑着点了点头说：“好人品，人品好！”

第三则是“狱中嚼鸡骨”。陈耷尽职尽孝的美德感动了玉皇大帝，玉帝指派吕洞宾下到凡间褒奖陈耷。一天深夜赐给陈耷一双铁草鞋，左转三圈即到州府，右转三圈即返家门。有一次，县衙有份呈文要急速递交府衙批办。陈耷接受任务后，就穿上“铁草鞋”，很快到了府衙。府台看了呈文后立即批阅，令陈耷把批阅件立即送回，陈耷出府城后，又穿上“铁草鞋”，很快回到县衙。县尹看了批阅件，发现批阅文字墨迹未全干，觉得其中有诈，就召讯陈耷，询问快速送达文书的原因。陈耷不敢说出借助“铁草鞋”的天机，支支吾吾搪塞。没料到引起县尹大怒，下令拘扣陈耷入狱待审。陈耷蒙冤被拘扣之后，陈耷的母亲心急如焚，但束手无策。第三天，她炖了一盅鸡汤，叫女儿送到牢中探望陈耷。陈耷见了鸡汤如同见了慈母，不由泪流满面。他留下鸡骨，将鸡肉、鸡汤让姐姐带回家孝敬母亲，既不负慈母爱子之情，又尽孝子敬母之心。当夜，陈耷因啃鸡骨不慎身亡（有的说是羽化成神）。第二天，全城传遍臭气，说是苍天有眼，以臭气表示陈耷蒙冤，以震撼官吏。县尹也害怕了，赶到陈耷遗体前认错并祷告说：“陈耷如果你要成神，就发香三天。”而后，县城果然大香三天。

陈耷英年早逝，殁而有灵，令百姓倍为怀念，人们称之为“孝子公”

而膜拜，地方官吏也将陈篈事迹上报。元至正十九年（1359），朝廷给陈篈颁赐“协顺至圣英烈侯郎”的封号，民间由此又称陈篈为“英烈圣侯”，也称“圣侯公”。据清康熙《长泰县志》载，“忽都火者，县尹，至正十九年任”。由此可知，正顺庙始建于元至正十九年（1359）。正顺庙于每年农历四月初四举办祭祀活动。历代以来，正顺庙曾多次维修。

正顺庙坐北朝南，属砖石木混合结构、古宫殿式建筑。主建筑分前后两进，中留天井。屋脊的装饰尤为精致，置有双狮抱炉、神龙腾飞、排楼彩阁、人物造型及水族形象等，皆用瓷片拼凑粘贴，图像小巧玲珑，光彩夺目。正面设三个大门，大门联“格天孝德凫飞舄，奠国神功石作磐”，是清朝长泰县举人、饶平县令杨积源于乾隆五十三年（1788）根据陈篈的传说所题。庙里的装饰古朴大方，有十根石柱支撑着屋顶，梁檩上绘有彩图，色彩艳丽。前厅梁上悬挂着台湾彰化泰源宫、北极宫赠送的3个大牌匾，题写着“孝行天下”“灵感万里”“福泽群生”。后殿厅堂宽敞明亮，供奉着英烈圣侯、孔子等神像。东西墙上挂“二十四孝”图片，颇具特色。正顺庙前门口有一个铺石大埕，埕前开凿了一口水井，泉涌不息。

传说陈篈成神后，非常灵，尽心尽力保护长泰安宁。有一天晚上，外地一股王爷兵（王爷即指瘟神）企图进犯长泰。来到县城南部的南津社时，被“圣侯公”发觉。于是，“圣侯公”便运用神力，打得王爷兵仓皇而逃。当晚，百姓听见南津社附近传来刀枪相击的声响。第二天早上，又发现南津社几丘芥菜被践踏得叶片全烂。大家估计是发生过一场战斗，但具体战况不明。后来，“圣侯公”托梦给南津社的菜农，讲明阻击王爷兵之事，并告诉菜农，那几丘芥菜还会恢复长势。大家才明白，原来是“圣侯公”打败王爷兵，保境安民。到正顺庙一看，果然“圣侯公”的衣、靴上还沾着泥土。后来，南津社那几丘芥菜长得特别好，菜茎没有过粗的纤维质，鲜嫩清甜。过去，长泰县流传着“王爷不敢进长泰”“南津芥菜无丝（纤维质）”俗语，便来源于“圣侯公”保境安民的这个故事。

正顺庙屋脊

正顺庙一景

正顺庙一隅

长泰人非常信仰圣侯公。清雍正年间，有不少长泰人移居台湾，有一批定居于彰化县桃源里。这些渡台的先民引去正顺庙香火，弘扬圣侯公的孝德，尊为地方保护神，众人在社里建起了一座小庙供奉。随着圣侯公的传播，百姓信仰倍增，香火更加旺盛。1973年，桃源里的百姓动议兴建供奉圣侯公的大庙宇。1979年，庙宇落成，他们把庙宇命名为泰源宫，1986年，又对泰源宫进行增建装饰。泰源宫撰有楹联：“泰开花县，神威坐镇出孝子；源溯茗山，功德巍峨拜圣侯。”联语中的“花县”即长泰县古代雅称，“茗山”指长泰县的山峰，联语表达了台湾乡亲对弘扬传统美德的寄望、对故土的眷念。

两百多年来，彰化桃源里的乡亲尊崇圣侯公的传统风俗世代沿袭。他们始终不忘祖居地，不忘圣侯公的祖庙正顺庙。从1989年起，居于桃源里的林、陈、王、曾、曹、蔡诸姓乡亲，先后八次组团回长泰访祖，祭奠圣侯公。每逢台胞访祖团抵达长泰时，都受到祖居地人们的热情接待。对长泰历史人物陈耸的纪念活动，进一步加深了海峡两岸同胞的联系和情感。

“百善孝为先。”孝道是中华民族传统美德，已深深根植于民族血液之中，成为社会公认的道德规范，圣侯公由人转神，跨越时空，成为世人膜拜的偶像，正是人们对孝道的重视和推崇。

（撰稿：张森文）

雪美瞻依堂

Xuemei Zhanyitang

【年代】北宋

【类别】古建筑

【所在地】福建省漳州市长泰区

【海拔】17 米

【经度、纬度】东经：117° 47' 04"，北纬：24° 39' 51"

（测点位置：宗祠前厅前廊第一级踏步正中）

杨氏宗祠瞻依堂位于福建省漳州市长泰区陈巷镇雪美村大社 138−2 号，始建于北宋天圣年间 (1023—1031)，明清多次维修，1966 年收作生产队粮食仓库，1991 年整体维修。

杨氏宗祠瞻依堂奉祀雪美村杨氏开基祖宋殿中丞杨仕休，宗祠由祠埕和主体建筑组成，占地面积约为 926.7 平方米，主体建筑五开间，两落一进院，总面阔 17.5 米，总进深 24.8 米，建筑面积 434 平方米。祠埕花岗岩石板铺设。1994 年公布为第三批县级文物保护单位。

宗祠坐北朝南，砖木结构，悬山顶燕尾脊板瓦屋面，中轴线由祠

埕、前厅、天井、两侧廊房、主堂和东侧护厝组成。祠埕正中设三级条石垂带踏步上前厅前廊，前厅明次间内凹成轿厅，设双开大门三副，正大门下设抱鼓石一对。前厅进深一间，为抬梁穿斗混合式梁架，天井地面花岗岩石板铺设，两侧设过水廊房通往主堂，主堂明次间进深三间，梢间为山墙承檩隔为房间，进深第二间高于第一间 0.1 米，明间两侧设三通五瓜梁架，东西次间与梢间之间各设砖墙承檩；梢间独立为一个房间，红砖山墙直接承檩，宗祠山墙下部条石叠砌，前厅和廊房山墙为青砖砌筑，主堂为红砖砌筑。室内地面红砖铺设；屋面铺设素面板瓦，檐口石灰砂浆封边。屋脊正脊为设有灰塑装饰水车堵的燕尾脊。

宗祠现存梁架大木高度保持清代闽南建筑的法式特征，宗祠木构用材硕大，梁架间少有雕饰，风格朴素浑厚，有较高的历史、科学、艺术价值。2006 年被列为福建省首批涉台文物点。

古厝如磐　文脉千载

在长泰龙津溪东畔的雪美村，矗立着一座建于北宋天圣年间（1023—1031）的古厝宗祠，它就是杨氏宗祠“瞻依堂”。杨氏始祖杨仕休官拜殿中丞，后来在平洋起凸七星堕地处择地建村。这是为纪念其创始祖先杨仕休而修建的祠堂。据说，宗祠坐落之地人称独瓶莲花穴。在近千年岁月的轻抚下，这座祠堂仍然焕发着勃勃生机。

雪美村古称陶塘洋，东临夫坊村，西至龙津溪，南与欧山村相邻，北与石室村接壤。环村群山围绕，有林仔山、溪尾山、下寨山、水头山、牛场山、倒重岭、岩寨山、蜈蚣形、岭脚后等九座，山都是低山，山脉自北向南延伸。村庄东有雪美门口洋，西有石壁施洋，两翼向龙津溪展开形成平原。加上东有排洪渠道，西有龙津溪。其地理人称为：三江九曲大西洋，土地肥沃，气候温暖，雨水充沛，物产丰富，环境优美，是个宜居宜业的风水宝地。

杨氏瞻依堂全景

杨氏宗祠位于雪美大社及西厝的交会处。整座宗祠规模宏大，外观庄严大度，雍容稳重。其屋脊上剪瓷贴生动精美，分别剪贴出“双龙抢宝塔”和“双龙朝葫芦”造型，寓意吉祥和谐阴阳搭配。屋脊两旁绘有螭吻，寓意明察阴晴风雨的四时天候。

杨氏瞻依堂正面

主体建筑结构为前后双厅东西两厢，由门厅、天井、左右走廊、正堂组成，中间留76.5平方米的天井，四面倒水的四合院造型。瞻依堂大门两侧置有抱鼓石，抱鼓石上雕刻着旋涡和卷草纹，底部高浮雕雕刻着玉兔望月和丹凤朝阳，彰显大厝主人身份尊贵；门框窗框、石梁斗拱仍保留完好，木制大门上绘着秦叔宝、尉迟恭两尊门神。大门两边的木制圆窗上雕刻着螭虎抢丹炉的造型，象征延年益寿子孙代代文采斐然。丹炉上雕刻着一对头朝大门的蝙蝠，寓意福照临门。梁间斗拱镶有木雕狮象两两相对，象征聚财归来发家致富。此外，还有四套完整人物雕刻，取材杨金花挂帅，彰显杨家女将，孤国莲登等寓意科甲连登，金丝蟹连寓意金殿题名等。正厅面阔三间，明间为拜堂，次间为厢房，进深一间，单檐歇山顶，明间正中悬挂“瞻依堂”木横匾，两侧墙上墨书“忠、孝、廉、节”四个大

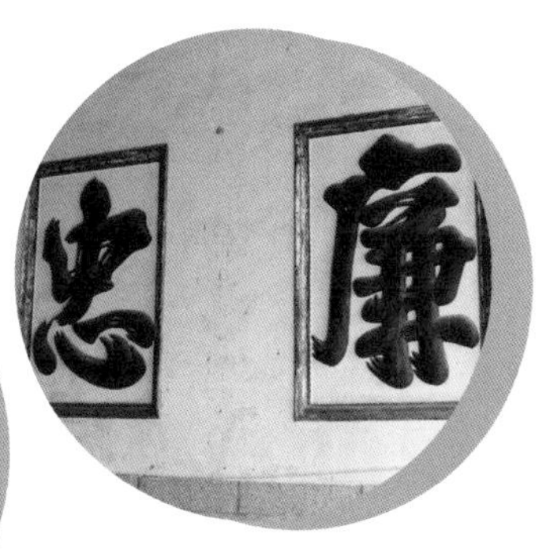

堂内两侧墙上的“忠、孝、廉、节”四字

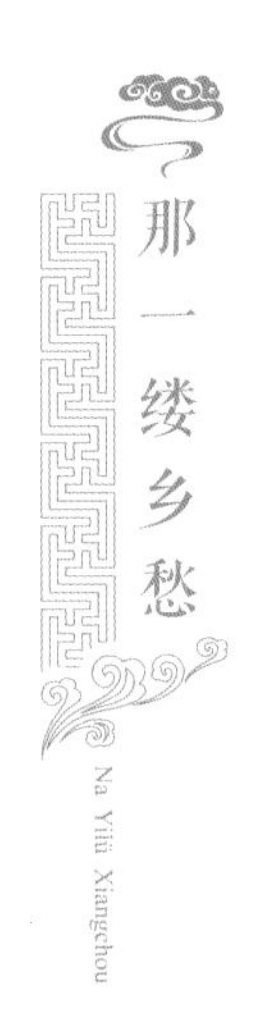

杨氏瞻依堂屋脊一角

字，此为宋朝著名的理学家、教育家朱熹的手迹。在祠堂的大埕上刻有《杨氏家训》：凡我宗族，谨言慎行，和睦飧闾，朴而力田，晨昏无缺，秀而力学，尊养有期，少者竭蹶而前，老者携幼而嬉，长短勿争，谦恭自虚，赌盗贱役，切不可居。具体又分为：家训、父训、母训、子训、妇训、兄及弟训、伯与叔训、诸侄训、老者训、少年训、小子训等。这些训条一一读来，其家教家风渊源和人伦教化令人赞誉，至今对教化社会繁荣文化仍有积极意义。

长泰县陶塘洋杨氏始祖杨仕休，其入漳始祖杨统来自河南省光州固始县，是唐代的河东玉钤卫昭信校尉。杨统的后裔定居于霞城（漳州别称）芝山东北隅，家族传承有序，在各朝代都出人才。值得一提的是，杨氏一门科举蝉联，仅在宋朝就有八名进士，被时人称誉为“杨家八进士”。杨仕休登进士第，官拜殿中丞之职；杨令闻于北宋太宗淳化二年（991）登一甲进士第，官奉大夫；杨令绪于真宗咸平二年（999）登进士第，任

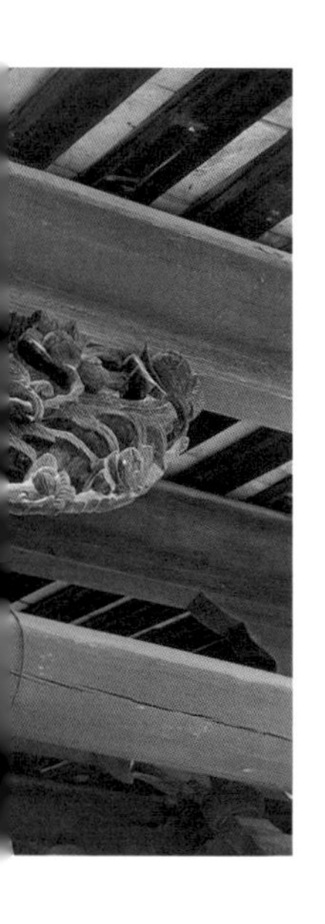

太常寺太祝奉郎；杨友谅于宋孝宗淳熙二年（1175）登进士第，任从政郎、惠州推官；杨木或于南宋高宗绍兴二十一年（1151）登进士第，任广东泷水知县；杨应于南宋孝宗乾道五年（1169）登进士第，任特奏都转运副使之职；杨博于南宋宁宗庆元五年（1199）登“曾从龙榜”进士第，任醴陵知县；杨汝南于南宋绍兴十五年（1145）登进士第，历任广州、赣州殿授，后任古田知县。不仅如此，在近代的杨家后人中也是人才辈出。有民国时期在厦门劫狱斗争中营救胜利却不幸暴露身份，在龙岩遇难牺牲的女烈士杨淑和同志，其革命事迹后来被改编为轰动全国的电影《小城春秋》。有国民党少将、“国大”代表杨育元，其热爱家乡公益事业、积极为家乡做贡献的事迹亦值得称道。

近代，部分杨氏后裔旅居台湾谋生，他们积极弘扬尊祖敬宗，关心乡梓发展。台胞杨育元、杨佳惠、杨佳民、杨玉惠等人慷慨解囊共捐资165万多元，资助家乡事业发展。他们先后捐资帮助维修祠堂、宫庙、寺院，助修族谱，重视姓氏文化遗产的挖掘，资助水泥路建设，关心教育事业，启迪后人。特别是杨佳惠、杨佳民两兄弟勤俭节约，创办荣周幼儿园，造福子孙后代，激励族人奋进。

在后代们多次修建下，这座历经沧桑的千年古厝依然如磐石一样坚固，仿佛是历经千年风霜的长者，任凭多少雨打风吹仍如磐石般地屹立着，在沧桑古朴中依然巍峨，依然可见雄伟挺拔的气势。如今，它的文脉仍然滋养着后人，闪耀着迷人的光彩。

（撰稿：陈海容）

石室杨氏世德堂
Shishi Yangshi Shidetang

【年代】明代

【类别】古建筑

【所在地】福建省漳州市长泰区

【海拔】19米

【经度、纬度】东经：117° 46' 24"，北纬：24° 40' 41"

（测点位置：建筑前厅前廊第一级踏步正中）

石室杨氏世德堂位于福建省漳州市长泰区陈巷镇石室村楼仔顶54-1号。始建于明成化年间；屡有修葺，1995年进行保养性维修。

石室杨氏世德堂又称顶祖杨氏宗祠，由前埕和主体建筑组成，占地面积518平方米，主体建筑五开间，两落一进院，总面阔14.1米，总进深18米，建筑面积253.6平方米，前埕条石铺设。2004年8月公布为长泰县第六批县级文物保护单位。

建筑坐西南朝东北，石、砖、木结构，硬山顶燕尾脊式板瓦屋面，中轴线由埕、前厅、天井、廊房和主堂组成。前埕正中设三级条石踏步上前厅前廊，前廊内凹至脊檩处，明间设双开大门三副，正大门下设石门箱一对，脊柱将前厅分为前檐和后檐两部分，明次间设抬梁穿斗混合式梁架，梢间山墙搁檩；天井地面红砖斜铺，靠主堂处设三级条石踏步上主堂；两侧设过水廊房；主堂进深三间，明间两侧设抬梁穿斗混合式梁架，次间和梢间山墙搁檩。建筑装饰古朴大方，室内梁架斗拱间花板、雀替种类繁多，雕刻工艺精湛，建筑外墙下部为条石叠砌，上部红砖清水砌，内墙面抹白灰；室内地面红砖铺设；屋面铺设素面板瓦，檐口石灰砂浆封边。屋脊正脊为脊堵内设有灰塑装饰的燕尾脊。

石室杨氏世德堂建筑格局完整，具有一定的历史和艺术价值。石室杨氏后裔杨宝民于1940年迁居台湾，多次携带儿女、妻室回乡谒祖，并热心捐资近6万元，用于维修家乡祠堂、学校等公益事业。石室杨氏世德堂于2006年列为福建省首批涉台文物点。

人间世德传久远

家风润心田，世德传久远。

驱车来到石室村，犹如来到一片世外桃源。这里环山绕水，这里鸟语花香春风和煦，田园牧歌在村落传唱，几株数百年的樟树、榕树见证了石室村数百年的风风雨雨和荣辱兴衰。龙津溪从这里流过，犹如一条玉带绕腰而过；大诏山、二诏山、三诏山环抱着村庄，恰似众星拱月，组合形成玉带缠腰、三星拱照绝佳村境。

这里更有一座座古老却规模宏大的古厝，诉说着村庄亘古至今的故事：有开基祖祠堂——“世德堂”，有以元让祖祠堂、九房厅祠堂、后大厝祠堂三座大厝组成的“品”字形古大厝群落，其中的九房厅祠堂由门厅、天井、正堂组成。俯瞰整座古大厝全貌，共有十房二厅一天井，两侧有廊，一路厢房19间，二路厢房38间，三路厢房54间，共有111间房间。建筑宏大壮观，令前来观瞻的游客震撼不已。

更吸引人眼球的是这里的开基祖祠堂——“世德堂”。世德堂坐西南朝东北，整座祠堂融青石红砖、木雕为一体，燕尾脊高耸入云，建筑古朴端庄，深藏在石室古村落里。我们移步走进世德堂，廊前一排疏密有致的木栏杆，显露出祠堂建筑的匠心独运灵气十足，其造型为两进带东西厢四合院仿古代宫殿模式，气派非凡，彰显着主人的气度与胸襟。祠堂正门两旁放置一对抱鼓石，抱鼓石的正两面雕刻卷云纹，象征风云际会、人才辈出。木雕斗拱上绘满牡丹、禽鸟等木雕，富丽堂皇，工艺精湛。进入大厅，其前后进各设四柱，顶住通梁、承托覆盖，后进神龛上面高悬着“世德堂”牌匾，厅堂两壁的壁框内书写着“忠、孝、廉、节”四个大字，字体苍劲有力，相传是宋朝著名的理学家、思想家、哲学家、教育家、诗人朱熹的手迹。正厅悬挂“杨氏宗祠”牌匾，对联“世代沿书山勤苦造诣峰，德业继宦海拒金接迹芳”，既歌颂祖先德业，又勉励后人。厅堂通梁两边悬挂“文魁”“公魁”“直隶知州”“博鹏”“登科”5个牌匾。这

杨氏世德堂所在的古厝群落

“世德堂”匾额

堂内两侧墙上写着“忠、孝、廉、节”四字，图为其中一侧

些牌匾体现杨氏的泱泱家风源远流长，不断地泽被杨家后人。在杨氏后辈中，人才辈出，也彰显杨氏的历史文化底蕴。开基祖祠堂被长泰县人民政府列为第六批文物保护单位。

话说在北宋天圣元年（1023），殿中丞杨仕休父子四人请旨回漳，来到长泰陶塘洋定居。明成化二十二年（1486），由杨仕休的裔孙83代15世杨志奋率公良、公会、公绶三子共同开发石室社，成为石室社的开基祖。祠堂奉祀着杨氏开基祖公良、公会。经过六代人的奋斗，石室社发展已粗具规模，公元1600年后，89代21世的杨永维率三子齐心拼搏，石室社更是兴旺发达，蒸蒸日上。其裔孙92代24世的杨宽睦生有九子，并建造了一座闻名全县的古民居——九房厅祠堂，祠堂建造后，其子孙人才辈出。如今，石室杨氏裔孙现已传至104代36世，有585户2500多人。

诗礼教化着后人，一点一滴的细节尽现杨氏家风家训。在这座祠堂里，我们可以近距离地感受着。它也见证了石室村的古今变化和发展，更因传扬着良好的家风德行而被世人称道。

（撰稿：陈海容）

戴遁庵享堂
Daidun'an Xiangtang

【年代】明代

【类别】古建筑

【所在地】福建省漳州市长泰区

【海拔】33 米

【经度、纬度】东经：117° 46' 38"，北纬：24° 41' 22"

（测点：前厅第一级台阶正中）

戴遁庵享堂，又称墓庵，为市级文物保护单位戴弘亮墓附属文物，位于福建省漳州市长泰区陈巷镇古农村古农小学内。建筑面积 438 平方米，清代、民国及近年间，稍有修缮，现基本保持明代风格。坐东北向西南，单檐悬山式屋顶，石、砖、木结构，由前厅、天井、正堂及过水廊道组成，梁架为抬梁式，雕刻精美，堂内的墙壁镶嵌有《劝世文》《遁庵公家训》石碑文，神龛供奉戴弘亮神像，梁上悬挂着历代戴氏名人匾额。墓庵前 10 米处竖“大明冠带太老遁庵戴公神道”石构神道牌坊一座，是长泰区唯一一座保存完整的神道建筑。

据《长泰县志》记载："戴皞，字弘亮，遁庵其号也。其父秀，尝令饭牛，皞窃父书，从牛背上读之。每得意扣角而歌，有宁戚之风。天性孝友，父疾，稽颡神前，请以身代，居丧哀毁备礼。平居教督子孙，以勤俭为主。所遗家训，皆先正格言。寿八十四。长子昫，由孝廉任乐清令。孙时宗，曾孙燿，皆以进士司铨曹，秉节钺，继此科第，膺显秩者，鹊起蝉联。是皆积善之报云。"

戴弘亮墓建于古农村中，包含墓庵、神道牌坊，规模较大，具有典型的明代墓葬风格，墓主确切，没有被盗过，为研究明代葬俗文化提供了宝贵的实物资料。

清代，居住在长泰侍郎坂社的戴时宗第九世孙戴宗青、戴宗昭两兄弟移居台湾，成为台湾台南市楠梓区戴氏开基祖。戴氏后裔枝繁叶茂，还传衍至全国各地及东南亚。近年来，戴氏台胞经常返乡谒祖，戴弘亮墓、戴遁庵享堂将成为台湾的戴氏宗亲回乡寻根祭祖以及两岸宗亲举行隆重祭祀仪式、共叙亲情的重要场所。

四百年的传承守望

走进古农小学的大门，迎面所见一座石构牌坊，上书“大明冠带太老遁庵戴公神道”，是长泰唯一一座保存完整的神道建筑，牌坊往后10米左右，即是遁庵公享堂主体。遁庵公享堂，坐东北向西南，始建于明代，清代、民国及近年间，均有修缮，基本保持明代风格，为单檐悬山式屋顶，石、砖、木结构，由前厅、天井、正堂及过水廊道组成，梁架为抬梁式，雕刻精美，建筑面积438平方米，占地面积5900平方米。

遁庵享堂实际上是侍郎坂戴氏开基祖戴皞的墓庵，相传为其孙戴时宗所建，后戴氏族人多次修缮，目前已成为侍郎坂戴氏供奉与祭祀祖先或先贤的场所。堂内的墙壁悬挂戴时宗、戴燝、戴燿等先祖画像，梁架间悬挂有“祖孙进士”“父子进士”“兄弟进士”“叔侄进士”“督抚都堂”“父子褒忠”“宫保尚书”等13方匾额，向人们诉说着四百多年来侍

遁庵享堂全景

遁庵享堂前的石构牌坊

郎坂戴氏取得的辉煌成就，“一门九进士”成为长泰绝响，有“戴氏簪笏之盛，为武安第一”的美誉，彰信里戴氏成为漳州举人、进士最多的科举家族，规模居福建省第六。

辉煌成就的背后，是戴皞开基立业就注重家教，订立严格的家训家规教育子孙，培育优良的家风熏陶滋养后代，让戴氏子孙后代出“龙”。戴皞自幼志向高远，以勤俭为本，孝敬父母，行善积德，以儒家的思想伦理道德修身齐家。他效仿古人做法，在坐榻两侧各放一个小竹筐，每做一件善事就将一枚铜钱投入左筐，每做一件遗憾之事就将一枚铜钱投入右筐，以此来激励警醒自己行善心、做善事。闽南俗语云：“好竹出好笋，好老父出好团孙”，经过戴皞以身作则、身体力行，戴氏子孙重家教、崇善举

梁架上的部分匾额

蔚然成风。清乾隆版《长泰县志》记载，“戴弘亮，平居教督子孙，以勤俭为主，所遗家训，皆先正格言”；“戴时宗，居家修先茔，建家庙，辑族谱，修社学，立乡约”；“戴熺，公历宦皆坦途，家居日少，或以考觐抵里，则训饬子弟必以读书守礼”。可见从明代初期起，古农村戴氏就整理出规范的祖训家规，且代代修订，传承有序。至今，遁庵享堂的墙壁上仍镶嵌有《劝世文》《遁庵公家训》石碑文，从勤耕苦读、奋发图强、教育子女、孝敬父母、廉洁奉公等多个方面规范族人言行。

经过四百多年的传承，戴氏祖训家规内容仍保留完整。如今，戴氏后裔仍然以家训为座右铭，教导下代子孙，古农村也将戴氏家风家训文化融入乡村振兴当中，祖厝整修、书田大社整治、新时代文明实践活动，等等，以多种形式弘扬良好戴氏家风，与宣传弘扬社会主义核心价值观交相辉映，提高了群众的道德修养水平，形成全社会共同传承的良好社会风气，有力地促进和谐文明社会的创建，具有较高的历史和教育意义。每年农历二月十四至十八日，是侍郎坂戴氏孩子们最欢喜的时候。因为这几天最为热闹，祖祠遁庵享堂举行点灯活动，所有本社新生育男孙当祖父的人，各自买灯到遁庵享堂点亮，“添灯”寓意“添丁”，表示有新生儿来到大家庭里“报到”。同时，“添灯”也寄托着对孩子的祝福，对新生命到来的庆祝。逢双之年，祖祠还举行文化灯挂灯活动，凡是考上中专及以上学生家长，各自买灯到遁庵享堂点亮，显得更为热闹。点公灯、新婚灯祈求家庭风调雨顺、添丁进财，点文化灯鼓励学生学习努力、学业有成，都是戴氏族人对生活的热爱，对子孙的厚望，而且经过移风易俗，现在生育女孙当祖父也可以去点公灯。在这全族参与的活动中，戴氏家风汲取着四百多年的传统，也随着时代的跳动而进步，默默涵养着一代又一代戴氏族人。

作为侍郎坂戴氏宗祠，遁庵享堂既是祭祀先祖的场所，也是戴氏家训的传承基地，是戴氏族人的根，也是凝聚开枝散叶后戴氏族人的纽带。2016年3月22日，台湾十余位戴氏宗亲专程到遁庵享堂祭祀戴弘亮诞辰584周年，他们是戴时宗（戴弘亮孙）第九世孙戴宗青、戴宗昭兄弟清代到台南开基的子孙，来此寻根祭祖。两岸戴氏宗亲共同在戴弘亮墓、遁庵享堂、戴时宗祠堂举行隆重的祭祀仪式，交流互动共叙乡谊，共话同根传承，共享同源家风。

融于血脉中的传承，历久弥新。而今，每逢新学年开学，走入古农小学，随处可闻学生正在诵读：“士农二业俱要勤，方能成立免求人。勿违我言去游荡，负吾嘱托误汝身……”隐约可见，遁庵享堂中，各位戴氏先祖欣慰的笑容。

（撰稿：杨小鹏）

顺正府庵
Shunzhengfu An

【年代】明代

【类别】古建筑

【所在地】福建省漳州市长泰区

【海拔】20 米

【经度、纬度】东经：117° 46' 23"，北纬：24° 40' 39"

（测点位置：建筑前厅前廊第一级踏步正中）

顺正府庵位于福建省漳州市长泰区陈巷镇石室村楼仔顶 47—51 号。始建于明嘉靖年间；屡有修葺，新中国成立前曾作为叶文龙副官的住宅，还作为鸦片经营场所；1993 年进行保养性维修。

顺正府庵由前埕和主体建筑组成，占地面积 288 平方米，主体建筑三开间，两落一进院，总面阔 9.8 米，总进深 14.4 米，建筑面积 141.9 平方米，前埕为水泥埕。2004 年 8 月公布为长泰县第六批县级文物保护单位。

建筑坐东北朝西南，石、砖、木结构，硬山顶燕尾脊式板瓦屋面，中轴线由埕、前厅、天井、廊房和主堂组成。前厅设前廊，明间设双开大门三副，正大门下设石门箱一对；前厅进深一间，明间设抬梁穿斗混合式梁架，次间山墙搁檩；天井地面条石铺设；两侧设过水廊房上主堂；主堂进深三间，明间两侧设抬梁穿斗混合式梁架，次间山墙搁檩。建筑装饰古朴大方。建筑外墙下部为条石叠砌，上部红砖砌筑，墙面抹白灰；室内地面红砖铺设；屋面铺设素面板瓦，檐口石灰砂浆封边，设勾头、滴子。屋脊正脊为脊堵内设有灰塑和剪瓷雕装饰的燕尾脊，垂脊设牌头。

顺正府庵建筑格局完整，保存较多历史构件，室内梁架斗拱间花板雀替种类繁多，雕刻工艺精湛，具有一定的历史和艺术价值。石室杨氏后裔杨保民于1940年迁居台湾，多次携带儿女、妻室回乡谒祖，并热心捐资近6万元，用于维修家乡祠堂、学校等公益事业，具有一定的涉台渊源，顺正府庵于2006年被列为福建省首批涉台文物点。

信仰是一缕斩不断的乡愁

走进陈巷镇石室村，一座座富有乡村特色和泥土气息的老建筑，勾起不少人的回忆，让人不胜感叹岁月变迁。杨保民回想过往，心底那份对故乡亲人的思念，对举家团聚的遐想，对安宁幸福的憧憬涌上心头，谈及日子的变迁，常常夹带着一点缅怀、一点释然、一点历经沧桑后的宁静。

顺正府庵，位于石室村楼仔顶社，始建于明嘉靖年间，明、清、民国期间，曾多次维修。在这座富有历史的建筑中流传的不仅有传奇故事，还有两岸人民互相往来的记忆。顺正府庵内那棵拥有百年树龄的老榕树，也是顺正府庵风风雨雨的见证者。

旧的顺正府

翻新重建后的顺正府

1992年，旅居台湾的杨保民听说顺正府庵要拆旧翻新重建，立即与大陆这边的亲戚联系，主动提出要出资参与修建顺正府庵的事宜，积极出资3万元（时米价一斤一角四分）。杨氏宗亲集资6万元，当时单杨保民一人就出了一半，可见他对于祖籍地的感情至深。此后，顺正府庵串联起了台湾与大陆之间的往来，这种信仰便成为一缕斩不断的乡愁。

在那本泛黄的记录本里，记录了杨保民眷恋的土地和家乡的民俗文化，记录着跨越时间不绝如缕的文化乡愁。在记录本中提到了石室村有特色的民俗活动，即顺正府庵的“圣梱”和“摆大龟”两项活动。现在跟随着杨保民的记忆，一起来看看这两项民俗活动究竟是怎么举办和开展的。

“圣梱”俗称“车梱”，一种与其他寺庙截然不同的为求神拜佛的香客问事，择取良辰吉日，推算祸福，寻求消灾解厄的推算方法。“圣梱”

顺正府全景

是一个翻滚筒，长36厘米，双头分别截取一段为8厘米（稍粗），中间20厘米（稍细），分为正六角平面。中间每个平面刻两个字，分别为：称意、凶退、下下、中平、大吉、利市。大吉（属金，比拟为皇帝）；称意（属土，比拟为宰相）；中平（属火，比拟为贵人）；凶退（属木，比拟为小人）；下下（属水，比拟为盗贼）；利市（属半土半水，比拟为奴才）。求神问事者须先给神明上香，而后双手恭捧"圣梱"向神明祷告所问之事。每问一事称为条梱，而一条梱规定翻滚圣梱三次，获得三个梱面（如称间、中平、大吉，或下下、中平、利市等）。然后由庙祝以中面梱（为人的元神）为主，着头面（第一面梱）顾尾（第三面梱），根据节候（一年四季，每季的三个月，每月的三旬）的不同，结合金、木、水、火、土五行相生相克之理进行推算判断。梱面所含哲理深奥，妙化无穷。

"摆大龟"（取龟龄鹤寿之意）是石室村后厝社杨姓村民独特的风俗活动。过程分为分送大"龟"、进香、绕境、擂大"龟"花、"偷"大"龟"、再分送大龟。时间为每年的正月初十至正月十二，一共持续三日。这期间，至少在初十和十一两个晚上演戏，外加放映电影或表演木偶戏。凡是上一年正月初十后至今年正月初十之间生育男孩的家庭，都会参加此项活动（大"龟"即印有红双喜的甜包子或面包），以示让全体村民分享得子之喜，并期盼纳百家之福。小时候，最喜欢的就是这份热闹。它不仅有当下看戏的欢乐、祈福的心愿，更展现了极具地方特色的风土人情，蕴含着浓厚的乡亲情谊，也承载了一个地方共同的文化记忆与情感认同。

丰富的民俗活动正是信仰的体现。从记录本中，我们不难体会到杨保民对于家乡的想念与向往，想念那棵有着童年记忆的历久不衰的大榕树，向往富有人情味的民俗活动。随着经济的发展，很多事物都在日新月异，故居、乡街小道都在消失，唯一不变的是顺正府庵这种文物保护单位。也正是由于政府得当的保护，才能避免那一缕乡愁的消失。杨保民只是千千万万个旅居台湾的代表，还有很多向往着回归故土、回家看看的同胞。随着对于文化的保护和认同，我们又有新的期许、新的期待。随着家乡越来越美，旅居的台胞纷纷表示，哪里都没有家乡美、没有家乡好、没有家乡舒服，金山银山不如家乡的绿水青山，小溪环绕，炊烟袅袅，热闹非凡。家人们纷纷踏上归途。

那一缕乡愁，让多少人魂牵梦萦。正是这座香火萦绕、灵光普照的顺正府庵串联起这头与那头。

（撰稿：林津铭/杨灵）

青阳卢氏家庙
Qingyang Lushi Jiamiao

【年代】清代

【类别】古建筑

【所在地】福建省漳州市长泰区

【海拔】379 米

【经度、纬度】东经：117° 54' 45"，北纬：24° 51' 18"

（测点位置：家庙前厅前廊第一级踏步正中）

青阳卢氏家庙位于福建省漳州市长泰区枋洋镇青阳村下厝 21-2 号。始建于清雍正五年（1727）；清道光十六年（1836）、同治二年（1863）有维修；新中国成立后被占用，1983 年恢复家庙使用；1994 年维修地面及屋面；2016 年整体维修。

青阳卢氏家庙又称卢经忠谏府。家庙由泮池、埕和主体建筑组成，占地面积 1259 平方米，主体建筑五开间，两落一进院，总面阔 12.5 米，总进深 12.5 米，建筑面积 156.3 平方米，祠埕卵石铺设。2013 年 1 月公布为福建省第八批省级文物保护单位，文件划定保护范围为“家庙四周各外延 15 米”。

家庙坐西北朝东南，土木结构，悬山顶燕尾脊式板瓦屋面，中轴线由泮池、埕、前厅、天井、廊房和主堂组成。祠埕正中设三级条石踏步上前厅前廊，前厅明间内凹至脊檩处，正中设双开大门一副，大门下设青石抱鼓石一对，两侧设边门与次间相通。前厅明间两侧各设三柱五檩抬梁式木构梁架。天井地面分三格，中部为甬道，花岗岩条石铺设，两侧青砖铺设，靠主堂中部设花岗岩踏步上主堂。两侧设过水廊房。主堂面阔五间，明间两侧设三柱五瓜九檩抬梁式木构梁架，次间与梢间设夯土墙相隔。家庙山墙为夯土墙，面抹白灰；室内地面红砖铺设；屋面铺设素面板瓦，上设压瓦砖，檐口石灰砂浆封边。屋脊正脊为中部花砖透脊，两侧设有灰塑和花鸟剪瓷雕装饰水车堵的燕尾脊，脊端还饰有云龙剪瓷雕。

家庙现存梁架雕梁画栋，燕尾高翘，小巧玲珑，具有一定的艺术价值。历史上迁播台湾的青阳卢氏族人甚多，至今仍有往来。青阳卢氏家庙是海峡两岸卢氏宗亲共有的家庙祖地，2011 年 12 月被省文化厅列入《福建省涉台文物名录》。

开卷青绿 曜阳千里

总有一种人，或一处佳境，初见即有山清水秀、阳光明媚的清新气息。比如青阳，走进它，犹如打开一幅《千里江山图》，开卷青绿，曜阳千里，散发出悠长时光里的淡淡隽永。

认识青阳，从几处奇妙碰撞开始。步入此地，空气温润，阳光暖人，连一草一石也很善良，但奇妙的碰撞感却无处不在。它有既悠闲又忙碌的气质，沿山开辟的千亩茶园、千亩柚林，它们仿佛永远不慌不忙，按照自己的心意，抽出每一片叶子，开出每一朵花，结出每一颗果实；它们又仿佛永远追赶四季，春天忙着以鲜花锦绣大地，夏天忙着哄睡万只鸣蝉，秋天忙着以丰收香甜岁月，冬天忙着为往事添柴。它有既与世隔绝又屹立中心的位置，明明是偏安于枋洋镇东北隅、静卧在观音山脚下的小村落，却也是漳州边界上唯一一个与厦门、泉州两市都毗邻的村庄。登上尖石尾山，便可以鸟瞰厦、漳、泉三地，一个约0.5米高的三棱石柱，以“长泰”“安溪”“同安”等字样，无声胜有声地宣告自己的特殊位置。

认识青阳，从一门良善族人开始。唐初高宗朝，陈政、陈元光父子先后率府兵58家（姓）军校入闽平定“蛮獠啸乱”。“开漳将领”卢如金在战事平息后定居漳州，其22世孙卢景象、卢景忠辽居龙岩永福里霭坪山(今属漳平市)。卢景忠传5世至卢清、卢亨，卢亨传卢秉华、卢秉崇等四子。明宣德元年(1426)，卢秉崇避乱由霭坪山迁居青阳，在此繁衍生息，并传衍四方。青阳卢氏人才辈出，有抗倭阵亡的卢基率、受赐封的卢汝凤、官至监察御史的卢经、官至兵部尚书的卢若腾，及总兵卢若骧、游击将军卢若骥、总兵都督佥事卢恩，等等。其中一直被世代族人传颂和尊崇的，当数六世祖卢经。卢经，号得一，生于明隆庆五年（1571），先后得中举人、进士，曾两次奉命封藩，先在行人司任行人，后被提为四川道监察御史，任职都察院，又奉命巡按河南道。任职期间，体恤百姓，屡有政绩。明崇祯七年（1634），状告皇亲莱阳郡王朱肃顼凭宗藩特权欺压百姓，由此得罪皇帝，先被捕下狱，又遣回乡，定居于同安县杜桥，于清顺治六年（1649）逝世，享年79岁。斯人已去，留下刚正不阿、廉洁奉公、执政为民的家风，警醒勉励族人，为青阳这块土地增添一抹浩然正气。

认识青阳，从一脉乡愁开始。一座宫殿式古建筑静立于青阳村下厝数百载，小巧古朴，装饰典雅，大门上悬挂“卢氏家庙”牌匾。家庙正堂供奉卢氏的开基始祖秉崇及卢经夫妇等卢氏先人的神位。家庙见证了五百五十多年卢氏一族的离别与相聚，牵出一脉连绵不绝的乡思。据卢氏族谱记载，自明中叶以来，卢氏祖先就有先人迁居台湾，散居台湾各地，如明成化年间(1465—1487)，青阳三世祖卢志盛渡海入台，垦荒创业。之

“卢经故里”门牌坊

卢氏家庙正面

后几百年间，青阳卢氏后代几次成群赴台定居，其中卢经之孙卢若腾父子迁往金门为最。如今，五百多年时光过去，卢氏宗亲在台湾开枝散叶，人丁兴旺，据不完全统计，目前在台卢氏宗亲达8万多人，分布于台中、台北、高雄、淡水、新竹、桃园、苗栗、金门等地。

卢氏家庙内的“忠谏”匾额

卢氏家庙碑记

余光中说：“人生有许多事情，正如船后的波纹，总要过后才觉得很美。”离别亦是如此，当年背起行囊离家的卢氏族人，想必未曾预料，一句道别就是一生。乡愁亦是如此，走过万水千山的卢氏后裔，想必也不会料到，经历千种悲喜后根还在、家还在。卢氏族谱记载了第一次两岸卢氏宗亲的相聚：三世祖卢志盛得风水先生指点，本支须离祖家才得昌盛，待300年后再回乡祭祖。到清嘉庆年间(1796—1820)，卢氏后裔遵从祖上训示，派人回青阳寻祖。读记载，不觉动

容，就像大马哈鱼洄游一样，卢氏一族渡海过山，日夜兼程，不辞辛劳，不管浅滩峡谷还是急流瀑布，都不退却，冲过重重阻挠，直达目的地。一缕乡愁竟祖祖辈辈传承300年，循着先人脚步，返回生命的发源地，如此自然而庄重。倘若先祖有灵，见游子阔别300年后回家，必定额手称庆：“万幸台湾是沃土，佑我子子孙孙开枝散叶、并蒂结花。”但此次相聚之后，又音信隔绝了二百多年。

民国时期，台湾卢氏宗亲再次组团回大陆寻根，被误导至坂里乡丹岩村的青阳组，寻亲未果遗憾而返。2001年中央四套《天涯共此时》栏目组到卢经忠谏府拍摄专题，对台播放，为卢氏宗亲寻根谒祖开启了一扇大门。2005年10月“吕、卢、高、纪、许”烈山五姓联谊会率台卢氏宗亲如愿以偿找到祖地青阳，举办了盛大的祭祖仪式。自2005年以后，台湾卢氏宗亲组团11批次，回青阳拜祖省亲，人员多达数千人次。青阳村卢氏宗亲也组团3次到台湾探望宗亲，人员达几百人。两岸宗亲往来不绝，为萦绕两岸五百多年的乡愁找到了栖息之所。

汪曾祺在《我们都是世间小儿女》里写道：“有人说故事像说着自己，有人说着自己像故事”，青阳卢氏和台湾卢氏，既是万千乡愁故事中的自己，也用代代光阴续写乡愁故事，祈愿岁岁常相思，岁岁长相见。

（撰稿：欧月娥）

将军第
Jiangjundi

【年代】清代

【类别】古建筑

【所在地】福建省漳州市长泰区

【海拔】170 米

【经度、纬度】东经：117° 46' 06"，北纬：24° 38' 57"

（测点位置：建筑前厅前廊第一级踏步正中）

将军第位于漳州市长泰区坂里乡新春村顶厝 105-1 号。始建于清光绪六年（1880），“文革”时期被破坏，新中国成立后被用作食堂，1982 年归还，2007 年整体修缮。

将军第由泮池、前埕、主体建筑、两侧护厝和后围屋组成，占地面积 2338 平方米，主体建筑五开间，两落一进院，总面阔 20.4 米，总进深 21.4 米，建筑面积 439 平方米，前埕地面抹水泥砂浆。2013 年 5 月公布为长泰县第七批县级文物保护单位。

建筑坐西朝东偏北，石、砖、木结构，硬山顶燕尾脊式板瓦屋面，中轴线由泮池、埕、前厅、天井、廊房、主堂、两侧护厝和后围屋组成。前埕正中设三级条石踏步上前厅前廊，明间内凹成轿厅，正中设双开大门三副，正大门下设青石抱鼓石一对，两侧次门各设石门箱一个。前厅面阔五间，进深一间，搁檩式梁架结构；天井为水泥地面；两侧设过水廊房；主堂面阔五间，进深三间，搁檩式梁架结构。建筑室内明堂通透，装饰朴素大方。建筑外墙下部块石叠砌，上部红砖清水砌，内墙面抹白灰；建筑室内地面红砖铺设；屋面铺设素面板瓦，檐口石灰砂浆封边。前厅屋脊为尖角脊，主堂屋脊为堵内设有灰塑装饰的燕尾脊和尖角脊混合脊。

建筑由印尼华侨汤河清所建，其发家致富后致力于家乡慈善事业，受到清廷嘉奖，御赐赏戴花翎副将衔，并敕建“将军第”。将军第是印尼等海外汤氏宗亲寻根谒祖的重要场所，具有一定的涉侨渊源，建筑整体保存完整，室内木构件、石构件雕刻精美，具有一定的历史、艺术价值。

将军第正面

新春“将军第”

新春“将军第”在新春村，新春村在长泰县坂里乡。建造这座府第的时候，新春村不叫新春村，叫石铭里官仓社，那是一百三十多年前的事了。将军第是一座“同”字形建筑，主建筑有9厅、10天井、32房。

2014年6月14日，我随漳州市作家协会采风团来到将军第，我们在府第里里外外转了一圈，我看到大部分房门关着，中庭有一处鸡窝，几只公鸡从容就食，不把我们的到来当回事。当我们兴致勃勃地在回廊照相时，一只小公鸡抬头看了我们一眼，又低头吃它的美食。这只小公鸡有一身美丽的羽毛，黑底白星，与众不同。我不知道它对于我们的行为有何感想。

将军第全景

将军第大门处

将军第的“身份证”

将军第大门前有一片宽阔的石埕，石埕右上角有一口井，井边张着许多晒烟叶的竹夹子，夹在其间的烟叶半黄半绿，在阳光下略显沧桑与无奈。村民对于外来的参观者习以为常，远远地看我们一眼，该做什么还做什么。陪同我们参观的新春村党支部书记汤宝发先生指着大门青石门楣上方的三个字对我说，这是李鸿章写的。

这是三个金灿灿的浮凸大字：将军第。我微微地吃了一惊，同时发现，大门边还挂着一块铜片，上书：第七批县级文物保护单位，将军第，长泰县人民政府，二〇一三年五月七日。

我在大门前的台阶下站了好一阵子。李鸿章可是中国近代历史上叱

咤风云的大人物，他怎么会为一座远离京城几千里的山区建筑题名？而“将军第”三个字，可不是随随便便可以写上去的。

这里有故事。

四十多年前，我在长泰上山下乡，我下乡的地方就在坂里隔壁的枋洋，当时坂里乡叫坂里公社，而我下乡的地方叫枋洋公社，枋洋在东边，坂里在西边。其时，本人专心于“接受贫下中农再教育”，没听说过“将军第”，更没听说过李鸿章与长泰有什么瓜葛。

我在“将军第”门前，凝视着“将军第”三个字，首先想到的是，这三个字果真是李鸿章手书吗？

十年前，我到过合肥，参观过李鸿章故居。后来写过一篇随笔，名为“坐在李鸿章家的院子里”，在这篇随笔中，我这样写道：

今年夏季的某一天，我坐在李鸿章家的院子里。天很热，院子里没人。同伴说照个相留个纪念，于是便在走廊照了相。

李鸿章的老家在安徽省合肥市的闹市区，那条街叫淮河路。四周都是高楼，唯有他家是平房，暗灰色的，门口还有两尊石狮子。我路过那里，顺便进去坐坐。

听说过去这里一条街全是李家的房产，百年变迁，不知不觉中，就剩下这一处了。走上李府的台阶，便有一点历史感。

大厅里的家具全都古香古色的，墙上挂满字画，还有许多老照片。第一次看到李鸿章的字有些惊讶。再看看墙上的照片和图片，知道了许多以前不知道的事情，比如，当代佛学大师赵朴初的祖父的祖父是李鸿章第二任夫人赵小莲的祖父。又比如，著名作家张爱玲也是李鸿章的亲戚，算起来，张爱玲是李鸿章女儿的孙女。

在李鸿章家里看李鸿章的事迹生出许多亲切感。李鸿章所处的时代，用他自己的话说，是“三千年一大变局”，用我们习惯的说法是中国日渐沦为半殖民地半封建的黑暗之中。他做了不少同时代人不能做不想做不敢做的事情，用梁启超的话说，“然鸿章……暗无天日之政府，愚而无知之国民，而与列强相周旋，故不得不以息事宁人为本，使国人不无故启衅以招祸。欲使列强不强事侵略，输款租地之举，当然在所不免。满清帝国苟延残喘，偷生于惟利是争之世界者，垂三十年，鸿章之功不为不大，虽有小过岂足道哉。”（梁启超《中国四十年来大事记》）李鸿章倒是实实在在做了不少事情，有些事，甚至有些名称，至今还在用，比如招商局。中国近代早期四大军工企业江南制造局、金陵机器局、天津机器局、福州船政局，除福州船政局是和左宗棠、沈葆桢合办的外，全是李鸿章办的。他还开办了轮船招商局、天津电报总局、上海机器织布局、开平煤矿、漠河金矿等，率先提出并修建铁路，建立同文馆，选派学生出洋。这些大都是开先河之举。如果说林则徐是“开眼看世界的第一人”，倾心办洋务以“求富”“自强”的李鸿章则应是“起步走向世界的第一人”。

引用这几段文字，只想说一句话，李鸿章是中国近代历史不可或缺的重要人物。李鸿章进士出身，文武双全，会带兵，会打仗，会外交，会办实业，还写得一手好字。一座府第能请到李鸿章题名，在当时，是一件值得炫耀的事。这“将军第”三个字与我所见过的李鸿章的另一幅书法作品“海中天”十分相似，苍劲有力，稳如泰山。

有资料表明，新春“将军第”建于光绪六年（1880），其时，李鸿章57岁，头顶上有许多官衔：太子太傅、文华殿大学士、直隶总督、北洋通商事务大臣，位高权重。李鸿章在当时的知名度很高，甚至于有一种说法：“世界之人，殆知有李鸿章，不复知有北京朝廷。”

梁启超在《李鸿章传》中这样写道：“李鸿章接人常带傲慢轻侮之色，俯视一切，揶揄弄之。”连外国人都看不起，“李鸿章与外国人交涉，尤轻侮之，其意殆视之如一市侩，谓彼辈皆以利来，我亦持筹握算，惟利是视耳”。

墙上的将军第简介

那么，新春“将军第”的主人是怎么求得李鸿章的手书的呢？

这要从光绪二年，也就是公元1877年的山西大旱说起。关于是年的山西大旱，《清史稿·德宗本纪》记载如下：

（光绪三年）五月……癸酉，山西旱，留京饷二十万赈之。甲戌，监利会匪王澕漳等作乱，伏诛……壬午，懿旨以皇上万寿值斋戒期，更定六月二十六日行庆贺礼，著为令。山西大旱，巡抚曾国荃请颁扁额为祷。以非故事，不许。谕曰：“祷惟其诚，当勤求吏治，清理庶狱，以迓和甘。”

秋七月丁巳，拨海防经费助山西赈……己巳，留京饷漕折银赈河南饥。八月丁亥，谕各省修农田水利。壬辰，拨天津练饷十万济山西赈……戊申，拨银四十万赈山西、河南灾，并留江安漕粮输山西、河南各四万石备赈。九月甲寅，罗田匪首陈子鳌伏诛。戊午，命前侍郎阎敬铭往山西查赈……戊辰，减缓山西、河南应协西征军饷。十二月……庚子，豫免山西、河南被灾州县来岁粮。

是冬，连祈雪。拨来年江、鄂漕米凡十二万石赈山西，发帑金赈陕西。是岁，山、陕大旱，人相食。

山西大旱，灾荒，持续一年多，一直到第二年和第三年，还有有关赈灾的记载："（光绪四年）九月……癸亥，赈山西旱，免阳曲等县逋赋，及徐沟等县秋粮。戊辰，赈蓝田水灾。丙子，修樊口江堤。五年（光绪五年）己卯春正月乙巳朔，停筵宴。乙丑，申谕停筹饷捐例，修高淳堤。辛未，赈山西饥。"这是一段多灾多难的岁月，不但山西，其他省也有灾情，直隶、山东、山西、河南、安徽、江西、福建，等等，不是旱灾就是水灾，不是风灾就是雹灾，还有蝗灾，加上"匪患"和西方列强的欺凌，搞得朝廷焦头烂额，应接不暇。连李鸿章也出来搞赈灾，清人李书春《李作家笔下文忠公鸿章年谱》说："光绪三年，公五十四岁……三月晋豫亢旱，公筹巨款赈济。""亢旱"就是大旱。这个时候，积极筹款赈灾的还有一个福建漳州长泰坂里人，这个人就是后来"将军第"的主人汤河清。

此时的汤河清远在南洋，他是印尼望加锡的"甲必丹"，当他得知山西大旱，由大旱引发大饥荒，以至于到"人相食"的程度，立即利用自己的地位，发动赈灾，慨然赈济谷物1万石、大洋13万元。他的善举受到朝廷的嘉奖，"御赐赏戴花翎副将衔"。清制，副将为绿营军官，武职，从二品，隶于提督、总兵之下，用现在的话说，是"高级将领"，但后面加了个"衔"字，就是说，不是实职，只是个荣誉称号，不是带兵打仗打出来的，是赈灾做好事得来的，这个"得"不是一般的得，是皇帝的"御赐"，是可以光宗耀祖的。如果用世俗的眼光看，是"富贵"中的"贵"字。汤河清有钱，原来只是富，如今又多了个贵，自然是很高兴的事。

皇帝不单给他一个从二品的官衔，还"敕建将军第"，何谓"敕"建?敕建者，奉帝王命令修建之谓也。也就是说，这"将军第"是皇帝

让盖的。这对于身在海外的游子来说，自然是喜上加喜，欢喜异常了。我在《中国民间故事集成·福建卷·长泰响剂铲州伙分卷》上看到一篇《将军第的由来》，这篇来自汤河清故乡的民间故事是这样描述50岁汤河清的“欢喜”的：

“将军第”完工谢土之日，汤河清不辞远涉重洋，返回乡里主持祭拜。庆成之日，演戏三昼夜，人山人海，摩肩接踵。族人造访者络绎不绝，尊重称呼汤河清的小名，叫声：“渗公您回来了！”汤河清见家乡老幼这样热情待他，乐得像小孩似的，高声地对大家说：“乡亲父老们！我汤渗永远不忘唐山，不忘家乡的父老兄弟！”说完还赏给村里每人大洋两块，一时传为盛事。

我在“将军第”的仁德可风堂，看到汤河清的遗像，这是一位穿着印尼制服、戴着勋章、严肃中略带亲和的中年人。这遗像是在什么时候、什么场合下拍摄的，我们不得而知。但我们对于汤河清的人生轨迹却有一个比较清晰的认识。这个认识来自《长泰县志·卷三十七·人物传·汤河清》（长泰县地方志编纂委员会编纂，方志出版社2005年9月版）：

汤河清（1830—1911年），乳名汤渗，石铭里大鸬鹚春芳社（今坂里新春村）人，家境清贫。汤河清13岁时，随一乡亲到荷属东印度（今印度尼西亚）望加锡谋生。

汤河清由族亲资助，在一家水产商店门边摆设烟丝摊。他为人和气，经营有方，因而生意兴隆。后来店老板看中汤河清的经商才干，邀他入股，并任经理。水产店在汤河清的精心经营下，很快垄断了望加锡的水产市场。店老板器重他，把女儿许配给他。数年后，汤河清有所积蓄，即独资创办顺源公司，购置轮船，在新加坡和中国香港、澳门等地经营水产和土产。不久，汤河清成为望加锡埠的殷商巨富。他行善济贫，热心公益，受到华侨和当地人民的拥戴，被荷兰殖民当局任命为望加锡的“甲必丹”（管理华侨华人事务的行政长官）。

仁德可风堂

汤河清艰苦奋发，乐善好施。生活上从不任意挥霍，而在慈善事业上却一掷千金。他捐出巨资，在望加锡建造汤氏宗祠——“崇本堂”和会馆，收容社会失业者，资助贫困的华侨和无亲可投的新侨。他有一艘顺风号客轮，往返望加锡与厦门之间，客轮规定，免费优待贫苦的族人搭乘，所以，那时候长泰石铭里出洋的人特别多。乡亲族人初到望加锡，都得到汤河清的妥善安置，从吃住到就业都受到关怀。至今还流传一句顺口溜：“源公，睡崇本堂。”光绪中叶，汤河清寄回大洋，在家乡建造3座大宅，占地6300平方米。汤河清得知祖国山西灾荒，民不聊生，便慨然赈济谷物1万石、大洋13万元，为此受到清廷的嘉奖，御赐赏戴花翎副将衔，以表其功绩。汤河清又先后捐资铺设梁岗岭石坎路，通往岩溪圩。在梁岗山建造梁岗王亭，修筑一条直达九龙江北溪畔的浦仔脚大路，沿途建造丁口亭、岭头亭、浦仔亭，供行人休憩。

宣统三年（1911）汤河清在望加锡寓所病故，终年81岁。汤河清之子汤龙飞，继承父业，袭其官职。汤龙飞曾捐赠500万盾荷币，给南京的“赈务委员会”，作为救济灾民之用。第二次世界大战后期，日军南侵南洋群岛，围攻望加锡，汤龙飞率众坚守抵抗。终因寡不敌众，战败被俘。日军多方诱降，汤龙飞坚强不屈，一家6人（本人及4个儿子、1个女婿）都惨遭杀害。日本投降后，当地政府为他建立一座烈士纪念碑。

大清重臣李鸿章筹款赈灾，经过奋斗而发了财的汤河清也赈灾，李鸿章办外交，汤河清是印尼侨领、印尼地方分管华人华侨事务的长官，加之刚刚受到朝廷的嘉奖，“御赐赏戴花翎副将衔”，有一顶光鲜的中国官帽子。李鸿章接见汤河清，也就是顺理成章的事了。

我想，李鸿章是在北京贤良寺的住处接见汤河清的。因为梁启超在《李鸿章传》中说：“李鸿章之在京师也，常居贤良寺。”这次会见，应该是在一个风和日丽的日子，气氛是亲切、轻松而随和的。李鸿章平时接见外人是傲慢的，因为那些他接见的中国人大都是有求于他的，外国人则大都是为利而来的。这一次是例外，汤河清是办好事来的，他又是一个具有双重身份的特殊中国人，既是印尼侨领，又是荷兰殖民当局任命的“甲必丹”，头上还有一顶大清国从二品的顶戴花翎。在我的想象中，他们可以找到许多共同的话题，比如浩荡皇恩，比如错综复杂的国际关系，比如灾难中的民生，比如古老大帝国的国运……

用当下流行的话说，李鸿章和汤河清的会见“在亲切友好的气氛中进行”，在亲切友好的气氛中，汤河清请求李鸿章为皇帝敕建的府第题名，李鸿章愉快答应，欣然命笔。于是便有了我们看到的在新春将军第门额上方的那三个苍劲有力的金字。

眼望李鸿章手书，思接百年中国史，这座将军第经历百多年的风雨沧桑，其间有许多故事。其中一则民间传说云，民国时期，有一位叫陈国惠的国民党军旅长剿匪失利，躲进将军第，土匪叶延瑜将将军第团团

将军第内的汤氏后裔家风故事

围住，却久攻不下，只好在大门口堆放木柴，放火烧房，把大门烧坏了，还把大门口的一只石鼓烧裂了。陈脱险后，派兵进剿叶延瑜，叶延瑜害怕，请华侨出面言和，最终私了，由叶出钱维修遭到破坏的将军第。这个传说的真实性我们已无从考证，但我看到，将军第有一扇大门的确与其他门扇风格迥异，很不协调。我还看到大门左边的石鼓，是由几块残破的石块重新黏合起来的，其间的水泥缝清晰可见。

我想，将军第最值得一提的，是它作为“新春小学”的那段历史。新春村党支部书记汤宝发对我说，他就是这所小学的毕业生，这所小学在他就读时，有近400名学生，从一年级到五年级（当时小学曾实行过五年制）都有，也就是说，这是所完全小学。一直到坂里中心小学盖完之后，这里的学生才陆续转过去。汤书记充满感情地指着大院内的一排

将军第门边的石鼓

房间说，这些原来都是我们的教室。可以想象，这些作为教室的房间，曾经书声琅琅，廊下的天井，更是孩子们游戏和嬉耍的乐园。这些曾经的教室在我们参观时，大都挂着锁，贴着红色的对联，其中一副是“旭日晓含珠树影，和风晴护玉堂春”。

将军第还有许多故事。故事远去，建筑依存。随着岁月的流逝，人事的变迁，它带给人们的东西将越来越“文化”，越来越耐人寻味。

新春将军第和全国所有的老宅一样，储存着许多信息，蕴藏着一段历史，演绎着无数故事，展现过精彩人生，为我们留下无尽的乡愁。

我们从无数的老宅走来，走出乡村，走向城市，走向世界，走向未来。

（撰稿：青禾）

汤氏崇本堂
Tangshi Chongbentang

【年代】清代

【类别】古建筑

【所在地】福建省漳州市长泰区

【海拔】169 米

【经度、纬度】东经：117° 46' 09"，北纬：24° 38' 58"

（测点位置：前殿前廊第一级踏步正中）

汤氏崇本堂位于福建省漳州市长泰区坂里乡新春村顶厝 3—8 号。始建于清朝，屡有修葺，1985 年整体维修，2016 年重修泮池。

汤氏崇本堂由泮池、前埕和主体建筑组成，占地面积 420 平方米，主体建筑为单落带门楼式平面布局，总面阔 9.9 米，总进深 15.4 米，建筑面积 152.5 平方米，前埕现为水泥村道。2020 年 11 月公布为长泰县第九批县级文物保护单位。

建筑坐北朝南偏东，石、砖、木结构，悬山顶燕尾脊式板瓦屋面，中轴线由泮池、埕、门楼、天井和主堂组成。前埕设三级条石踏步上门楼，中设双开大门一副，大门下设抱鼓石一对，两侧为木质隔断，设穿斗抬梁混合式梁架；门楼两侧围墙下设花岗岩圭脚石，上整条石板墙裙，墙裙上还设青石圆形透雕螭虎窗；天井分三格，两侧为水泥地面，中部为甬道，条石铺设，靠主堂处设三级条石踏步上主堂；主堂面阔三间，进深三间，明间两侧设抬梁穿斗混合式梁架，梁架雕刻精美细腻。建筑室内明堂通透，装饰精美大方，梁架斗拱间花板和雀替雕刻工艺精湛，彩绘鲜艳亮丽。建筑外墙为砖墙，面抹灰；建筑室内地面红砖铺设；屋面铺设素面板瓦，檐口石灰砂浆封边。屋脊为脊堵内设有灰塑装饰的燕尾脊。

汤氏崇本堂内保存众多历史构件，石柱、柱础和抱鼓石依旧古香古色，建筑格局完整，历史悠久，具有一定的历史和文化研究价值，是研究长泰宗祠建筑发展演变的实物例证。新春村汤氏族人自清嘉庆年间开始迁播南洋印尼等地。汤氏崇本堂是海内外汤氏宗亲共同的祖祠和重要的纽带，具有一定的涉侨渊源。

崇本堂：海外游子的家国情怀

落叶归根，故土难离。对每一位海外游子来说，无论走得多远、离开多久，故乡永远是内心深处最要紧的牵绊。思乡思国的苦与甜，未曾远游的人不可体会。这一种断不了的思念，在心里蔓延生长扎根，汇聚成一股强大的能量，成为家族世代传承的宝贵财富。

出走半生，归来仍是中国心；如果信念有颜色，那一定是中国红。位于坂里乡新春村的崇本堂，便是数百年来当地华侨家国情怀的见证者之一。“崇中山事业，子孙绳继，春秋祭祀皆鸿儒；本固始开基，源远流长，寒暑朝宗无白丁”……清末乱世，汤河清在崇本堂祖祠楹联家训的滋养中成长为一位翩翩少年。

汤河清虽出身贫寒但尊孔重道、诚实守信，迫于生计，13岁远赴重洋，前往印尼望加锡谋生。带着“爱拼才会赢”的冲劲与闯劲，在族亲的资助下，汤河清从小小烟丝摊起家，经营有方，和气生财，获得人生的第一桶金，还赢得了当地水产商店老板的青睐，邀其入股并将自己的女儿许配给他。成家后的汤河清更是一头扎进事业中，苦心经营，很快垄断了望加锡的水产市场，创办顺源公司，购置轮船，业务拓展到香港、澳门等地和新加坡等国家，成为当地的殷商巨富。

滴水之恩当涌泉相报，难忘初到印尼时的窘迫，汤河清格外感谢曾经资助过他的族亲。海外华侨是一家，在他的照顾下，凡是到印尼谋生的族亲或同乡，都可以免费搭乘往返望加锡与厦门之间的货轮，享受免费食宿，得到一套衣裤及些许银圆作为生活费，直到找到工作。族亲有需要往家里寄钱或书信的，也大多请汤河清的货船代为辗转寄回。

一艘大大的轮船，让越来越多的乡亲放下顾虑漂洋过海，也载回了海外游子对家人和故乡的无限牵挂。

崇本堂组图

汤河清出资在望加锡建起一座同名祖祠。同新春“崇本堂”一样，每年正月十五，汤氏宗亲聚集在印尼崇本堂举行闹花灯及祭祖盛会，沿袭家乡“吃公酒”的习俗，设席宴请当上祖父的族人。

两座“崇本堂”穿越时空，将两地同宗人紧紧地联系在一起，同甘共苦、同舟共济。在坂里乡，通往岩溪圩的石坎路，梁岗王亭，家乡的基础设施建设，大多有汤河清带头捐资的身影。

清光绪初年，得知我国华北地区发生特大灾荒，持续的旱灾夹杂着鼠灾、狼灾及瘟疫，物资紧缺，饿殍遍野，惨烈程度无以复加。汤河清做了一个重大决定，捐资助国！他带头赈济1万石、大洋13万元，还在印尼华

墙上悬挂的关于印尼崇本堂元宵祭祖盛况

侨中掀起“救灾赈民”活动，得到广大侨胞的热烈响应。

13艘满载物资的“顺源号”货轮，浩浩荡荡地把紧缺的物资从印尼送达灾民手中。一时间，“顺源”二字在国内声名鹊起。这一举动，展现了汤河清身在异邦、心向故里的民族担当，也因此受到清廷嘉奖，被朝廷赐封武显将军，并敕在家乡兴建“将军第”一座。相传，李鸿章亲书“将军第”匾额相赠。

良好家风代代传，一代人有一代人的义举。汤河清81岁去世后，儿子汤龙飞继承父业，承袭官职，更重要的是承袭了父亲乐善好施、爱国爱乡的灵魂血液。这种情感体现在他们对祖国前途命运和民族命运的关切上。

抗战时期，见不得国内百姓生活困苦，汤龙飞捐赠500万盾荷币给南京“赈务委员会”，作为救济抗战难民的费用。南京国民政府称颂其“仁德可风”，如今匾额还悬挂在汤氏祠堂内。

崇本堂挂牌“家风家训馆”

崇本堂内的部分家训故事

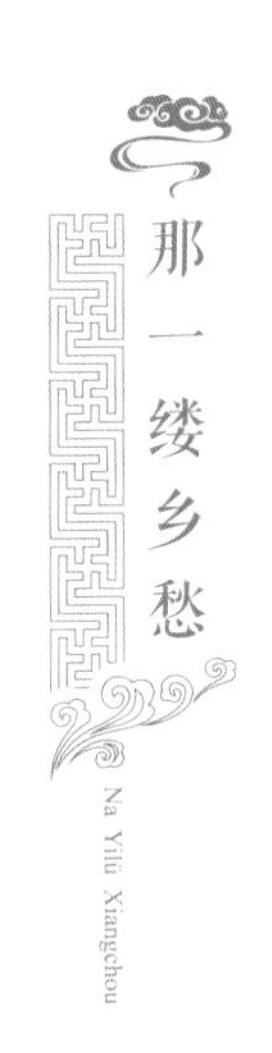

二战后期，日军大肆侵犯南洋诸岛。1942年，日军围攻望加锡，汤龙飞一家率众抵抗，终因孤军无援，寡不敌众，战败被俘。面对日军诱降，宁死不屈，以身正义，一家六口同时遇难。日本投降后，当地政府为他建立纪念碑并降半旗致哀。

据说，战争中，汤龙飞尚有一子恰好在外地办事，才得以幸免，存活下来。从此，原本富甲一方的汤河清一族变得人丁凋零，但在造福乡里这件事上，他们从未停止脚步。

抗战胜利后，汤河清曾孙汤仲宣继承祖业，20世纪80年代起，了解到家乡校舍紧缺，主动将祖厝借与小学用作校舍。1993年，为支持政府普及九年义务教育，汤仲宣毅然决定将22间祖宅捐献给政府，作为坂里乡新春小学的永久校舍。

我们在感叹战争的无情的同时，也从汤河清后辈身上看到了仁义的力量。

继汤河清之后，同族亲友到望加锡谋生者越来越多，效仿汤河清公益之举的还有汤登育、汤长福等人士。许多旅居海外的乡亲回祖地谒祖或省亲时，总要到“崇本堂”缅怀先人业绩，把这种可风的仁德带到海外发扬光大。

坚韧勇毅闯世界，心心念念是故乡。眼前的这座汤氏祖祠崇本堂，历经百年风雨完好地保存下来，正如海外游子念祖思亲、爱国爱乡的桑梓情怀，从未改变。

（撰稿：陈霓）

大夫第
Dafudi

【年代】清代

【类别】古建筑

【所在地】福建省漳州市长泰区

【海拔】158 米

【经度、纬度】东经：117° 39'5.5"，北纬：24° 46'13.4"

（测点位置：前厅第一级台阶正中）

大夫第位于福建省漳州市长泰区坂里乡新春村寨郊 53–3 号，始建于清代，印尼华侨汤永川回乡所建。建筑坐东南朝西北，为三落二进式布局，前两落单层，后落二层，面阔 16.3 米，进深 23.7 米，占地面积 389 平方米，中轴线由前厅、一进天井廊房、主堂、二进天井廊房和后楼组成。

建筑大门门框为花岗岩条石制成，杉木双开门扇，前厅面阔五间，进深一间，明间两侧木柱下设鼓形石柱础，上设穿斗式木构梁架，一进天井卵石铺设，两侧廊房辟为居室；主堂明间两侧设简易木构梁架，二进天井卵石铺设，靠后楼中设五级条石踏步；后楼面阔五间，为“一明两暗”式布局，明间为厅，次间梢间为居室，明间靠后沿墙布设木梯上二楼，布局亦为“一明两暗”式，明间悬“奉议大夫”匾额，前廊两侧可通往二进廊房二层房内，布局合理，便于生活起居。

大夫第共3个大厅18个房间，规制较为宏大。清同治六年（1867）9月，汤永川捐资清廷，同治帝授“官五品同知加三级，诰封三世昆仲五人”，并授“奉议大夫”，赐匾额一块。建筑整体保存较好，具有较高的历史和研究价值。

跨越百年的传承——新春大夫第

人皆有家，有家就有家风。好家风有助于家族后辈的成长成才，好家风必然会影响到学风、民风、政风，形成良好的社会风气，这是民族兴旺发达、国家繁荣昌盛的必要条件。漳州市长泰区坂里乡新春村，就有这么一座承载着百年家风历史的古建筑——大夫第。

这是位于村寨郊社内的清代古民居，依山势而建，为闽南风格砖瓦木结构，共有上中下三落，后落为二层木结构楼房，共有3个大厅及大小房间18间。

它的故事可以追溯到清朝末年。那时的大清帝国内忧外患，积重难返，国家动荡不安，人民水深火热。每到这样危难的时候总会有一部分仁人志士站出来为国分忧。侨商汤永川就是其中一员。同治六年（1867），侨商汤永川捐资助善，清廷诰授“奉议大夫”。匾额悬挂于后宅楼上的厅堂正中，至今保存完好。

“奉议大夫”匾额

大夫第全景

拳拳之心的汤永川先生同样将族人的教育摆在第一位，并将府第供族人使用。根据他的遗嘱，他去世后所留下的100多亩田地，分为养老田段和读书田段，供住在大夫第中的族亲耕作。只要哪家要赡养老人或有子孙入学读书，都可以轮流耕作收益，贴补家用。正是这一规定，这座府第庇护了汤氏族人二百多年，也见证了一辈又一辈的成长。

“小时候，这个大宅子里住着好几户人家，那时候奶奶就坐在门口，一边教我闽南话一边给我喂饭。”大夫第至今还是许多新春村村民记忆中不可磨灭的一部分。汤氏后人不论走得多远，都会带上自己的儿孙辈回到这座古朴而又深沉的老宅子里寻根，带他们走过捉迷藏的暗道，告诉他们这是儿时最好的秘密基地。孩子站在门楣上的牌匾下，看着孩子自豪地倾听祖祖辈辈的过往荣光。用那幅一进门写满汤先生事迹的字画，给孩子上好爱国爱家的人生启蒙课。大夫第已经成为凝聚汤氏后人的精神图腾，时时刻刻提醒激励着汤氏游子要爱国、要不忘本，并将这一精神流传下去。

“此身何系根源竟，万里愁思盈客船。”或许是汤永川的影响足够深远悠久，新春村的后世子孙没有辜负他的期许，无数新春游子始终牢记他爱国爱乡的情怀，百年来时时刻刻记挂着家乡的建设与发展。新春村先后涌现出赈助山西旱灾的望加锡“甲必丹”（管理华侨华人事务的行政长官）汤河清与助赈南京后抗日牺牲的汤龙飞将军等心系祖国的仁人志士。

而坂里乡的“汤登育教育基金”更是“爱国重教”传承的现实体现。汤登育老先生少年时便下南洋讨生活，发迹后依旧挂念家乡，致力于家乡的经济建设和公益事业发展，源源不断向家乡的学校捐助物资，兴建登育幼儿园。其孙汤长福博士也继承了老先生爱国爱乡的优良家风，于1998年在坂里乡建立“坂里乡汤登育教育基金会”，奖励坂里乡考上博士生、硕士研究生，有突出贡献的教育工作者，高考、中考、初考优秀学生和资助部分贫困学生，至今仍旧稳定运转，协助家乡培育更多的优秀人才。

大夫第局部

郑樵就在《家园示弟檏》中这样说过：“家风留不坠，少贱自翱翔。”只要家风在，无论如何境地不堪，少年终有翱翔的一天。大夫第所传承的家风精神，将永远留存在新春汤氏族人乃至坂里乡人民心中，并在这股精神的指导下，飞得更高、更远。

（撰稿：王勋裕）

良岗圣王庙
Lianggang Shengwangmiao

【年代】清代

【类别】古建筑

【所在地】福建省漳州市长泰区

【海拔】171 米

【经度、纬度】东经：117° 38'46.2"，北纬：24° 46'39.8"

（测点位置：拜亭正中）

良岗圣王庙位于福建省漳州市长泰区坂里乡坂新村石碑自然村，建于清代，2000 年修缮，供奉良岗圣王神像。坐东北向西南，通面阔 10.8 米，总进深 11.9 米，占地面积 125.3 平方米，由宣亭、正殿组成，石、砖、木结构。宣亭抬梁式木构架，单檐歇山顶，面阔三间，进深二柱。正殿悬山顶，面阔三间，进深四柱（后檐墙承檩），明间抬梁式木构架。正殿外檐遗留石狮座一对，门框石构，门框及门额浮雕古代人物、双龙戏珠、香草龙纹等图案。正殿前檐柱、金柱皆有题联。该建筑具有一定历史、艺术价值。

他乡纵有高楼宇，不及家山一庙宇

一排翩翩乳燕，横海飘飞，月明风紧，不敢停留。频频回顾，带着信仰，更带着乡愁。目光所及，那里林海茫茫青山绿水，绿野田畴风光旖旎，乡道村落交错其间，灵光神韵温抚四方。纵然停留在富丽堂皇高阁楼宇，又怎及家山那一方庙宇横梁。

这一庙宇便是坐落在坂里乡坂新村石碑自然村的良岗圣王庙，建于明末清初，历有修缮，基本保存古代建筑风貌。整座庙宇古朴端庄，极具神韵，坐东北向西南，石砖木结构。门亭由石柱支撑，上方悬挂“良

大门处

良岗圣王庙一景

岗圣王”匾，门楣饰浮雕，图像为二龙戏珠、八仙过海。厅中设祭台供奉良岗圣王、圣母神明，并定于每年农历正月十二举办祭祀活动（2017年起改为三年举行一次大型祭祀活动）。厅堂墙上绘壁画、彩图，梁拱饰木雕，立有四根石柱，刻写柱联:“凤水环前九苞毓锦王灵赫，鸡峰峙后五德呈祥圣泽霖。神灵赫耀福漳南之民社，庙貌巅峨镇鲤石之精英”，可谓绝无仅有，别有一番风味。

时光穿越百年，圣王圣母的故事依旧久久流传，历久不衰。相传隋朝末年，社会动荡不安，良岗圣王康义信投奔瓦岗义军，参与抗隋暴政大规模作战。唐初期，边远地区獠寇猖狂，康义信遂被封为“平獠除魔”大将军，携其妻严英越岭入闽平定蛮獠啸乱。在良岗山扎寨平獠期间，军民团结，其乐融融。圣王康义信不仅凭借智慧和实力平息了良岗山一带以潘公王为首的顽固獠寇，使得社会安定和谐、百姓安居乐业，更是谢绝官爵，扎根良岗，保护百姓安全。圣母严英妙手回春，慈悲为

悬挂的资料图片

怀，毫无保留地传授精湛医术，救治百姓不计其数，深得百姓称赞感恩，被百姓尊称为“严溪”，意指严英医术如江流源远流长。“严溪”古镇名字由此而来，后改为“岩溪”。公元652年，康义信在良岗山仙逝，被诰封为“良岗圣王”。当地百姓为追思怀念圣王康义信的善举，建造“良岗亭”供后人敬仰。

良岗圣王爱国为民的情怀深深感动着四方乡里，深远影响着世代后人。殷殷之情俱系华夏，寸寸丹心皆为家国。据《长泰县志》记载，明代中期，为收复台湾，不少漳州先民积极响应抗清复明号召，随军转战台湾。先民们背井离乡漂洋过海，披荆斩棘开荒拓土，在恶劣的环境中，他们以良岗圣王作为精神信仰，寻求庇佑和思乡寄托。1683年，清政府统一管理台湾，漳州先民络绎东渡，定居台湾，成为开发台湾的主力军。解放战争末期，国民党当局溃退台湾，在沿海强抓兵丁，其中有不少长泰人。

血缘的宗祠无法复制，代表共同信仰的神祇便成为人们述说乡愁的渠道。据《漳州府志》和《根在海这边》记载，台湾良岗后裔建庙供奉“良岗圣王”多达二十多座，其中有高雄崇圣殿、台南良岗尊王庙、泉福宫等多地。

经过几百年的传衍发展，良岗圣王在台湾已经形成一种独特的文化信仰，寄托着台湾同胞魂牵梦萦的家土情愁。正如余秋雨所言：“漂泊的感受和思乡的情绪是难以言表的，只能靠心脏慢慢体验，也许失落在海涛间，也许掩埋在丛林里，也许凝练于异国他乡一栋陈旧楼房的窗户中。”良岗圣王香火历经百年而不绝，台湾同胞先后组团到坂里乡坂新村良岗圣王庙进香十余次，见证着闽台同宗共祖、一脉相承的历史渊源，凝聚着信仰相通、“重土爱乡”的炽烈感情。

浅浅海峡，无法阻隔两岸共同的信仰与传承。不管两岸关系演绎多少峥嵘岁月的疾风骤雨，无论历史经历多少雄关漫道的艰难探索，圣王文化依旧在台湾几百年代代相传。

（撰稿：汤伟娜）

威惠庙
Weihuimiao

【年代】不详

【类别】古建筑

【所在地】福建省漳州市长泰区

【海拔】不详

【经度、纬度】东经：117° 72 ' 11 "，北纬：24° 62 ' 89 "

（测点位置：前厅前廊第一级踏步正中）

威惠庙位于漳州市长泰区古农农场东厝社区东厝60–8号。始建年代不详，庙内主祀开漳圣王陈元光，占地面积约860平方米，建筑面积约250平方米。建筑坐西北朝东南，由前殿、天井、过水廊房及主殿组成，为闽南传统庙宇两落式格局。1974年因建高排水利被毁，1998年由重建威惠庙理事会集资重建，为钢筋混凝土结构，悬山顶双坡面屋顶，屋面铺设红瓦间筒瓦，檐口装配浮雕瓦当和滴水，瓷雕剪粘堆叠精美，燕尾脊高翘。建筑在空间构成、造型和形式上极具闽南建筑风格。

江水泱泱流不走乡愁

水，是生命之源。因而，人类总是择水而居。福建漳州，我们这座城市的最初，也是从一条河流开始。从漳州市区往东，在九龙江北溪东边堤岸上，有一个叫东厝的社区，顺着共同至珠埔高排渠堤岸而走，随着水流潺潺，水路蜿蜒曲折，人移景换，须顷过湾，竟然开阔。只见白墙红瓦五脊六兽起脊式庙宇，屋为单檐歇山顶二进院落，门前一对石狮守护，门柱刻联“功高德重民敬仰，神光焕彩照人间”，门顶悬挂“威惠庙”匾。庙内供奉历代帝王先后21次追封、于宋徽宗政和三年（1113）赐谥号“威惠”的开漳圣王陈元光。人们深信，开漳圣王一直在这里“巡城”，保境安民。而百姓们用自家生产的三牲五禽祭拜祖先，让先辈知道后代生活富足，五谷丰登。

站在庙宇埕前，思绪飘远。公元669年，唐高宗下诏命陈政为总岭南行军总管事，临危受命，率领3600名府兵、123员战将，从河南固始县出

威惠庙正面

“威惠庙”匾额

发，南下入闽平乱。其子时年13岁的陈元光，也加入南下的唐军。沿着九龙江北溪而下至仁和里（今银塘办事处龙东、东厝社区）建了入漳第一堡（龙营）、第一行署（东厝威惠庙旧址），并开凿第一条人工运河（现威惠庙至九龙江北溪与龙津溪交汇处珠埔入溪口）。陈元光以龙营堡、东厝署为据点，平定叛乱、开漳设府、偃武修文、施行惠政、劝农务本、通商惠工、兴修水利、屯垦安民，兴庠序、施教化、移风俗、育人才，传播中原文化和农耕技术，开创了“北距泉州、南逾潮惠、西抵汀赣、东接诸屿，方数千里无烽火之惊”的乐土。漳州人民以修庙供奉这种古老的方式，纪念自己心目中的英雄。伴随着开漳府兵的子孙后代定居台湾以及海外的足迹，“威惠庙”香火远播，仅在台湾各地的分庙就达三百多座。如今，大批台湾的漳籍后裔来到长泰寻根访祖。

在海峡对岸，台湾高雄市湖内区有一座名为“福安宫”的庙宇。据传，当年长泰仁和里（今东厝龙东社区）

威惠庙内抬头可见的景致

“神威显赫”匾额

陈姓后代子孙远渡台湾时奉请开漳圣王分身同行，并设庙安放金身，庇佑子孙繁衍昌盛、人才辈出、人丁兴旺。参天之木，必有其根，环山之水，必有其源。追本溯源、寻根访祖，是人的一种本性、一个情结、一份真情。寻根访祖的过程，也是寻梦之旅。它不仅仅是寻找族谱，寻找族群，寻找先祖，寻找亲人，也是寻找家族之梦、民族之梦，更是一种家国情怀。

姓氏是打通古今交流通道的最好载体，以一种血缘文化的特殊形式，记录了一个姓氏的形成史。2012年至2014年，台湾省高雄市湖内区陈氏弟子陈义敏、陈兆仁三次组团到东厝社区威惠庙寻根问祖，并于2013年敬献“源远流长”匾额，延续两岸一家亲的血脉渊源，体现了同宗一脉

的血肉情怀和慎终追远的念祖情怀。陈氏宗亲代表团表示：中华文化浸染着两岸的炎黄子孙。我们共同吟诵着曹操的“月明星稀，乌鹊南飞。绕树三匝，何枝可依？”；贺知章的“少小离家老大回，乡音无改鬓毛衰”……这一首首哀怨的思乡情曲，深深灼痛了海峡两岸所有互相凝望的眼睛。这一段段浓浓的乡愁，牵引着我们陈氏后代子孙对故土魂牵梦萦的无尽思念。没有什么可以阻隔两岸陈氏宗亲的血脉深情。不管时代更迭，我们依然要不忘初心，追踪溯源，回到祖宗起点的地方，向自己的祖先表达怀念与追思。

共祭开漳圣王是两岸同胞血脉相承的生动体现。两溪河水悠悠，轻拍堤岸，似宗亲密切私语。当乡愁不再是余光中先生笔下那一枚邮票、一张船票时，多少人越过了浅浅的海峡，来寻找祖先的墓地，查访自家的族谱。这是乡愁，更是依恋。故土是根，故乡是本，有了根的牵绊，心不再空荡，脚步也不再彷徨。

（撰稿：卢嘉玲/陈建华）

薛氏家庙
Xueshi Jiamiao

【年代】明代

【类别】古建筑

【所在地】福建省漳州市长泰区

【海拔】158 米

【经度、纬度】东经：117° 39'5.5"，北纬：24° 46'13.4"

（测点位置：前厅第一级台阶正中）

薛氏家庙位于福建省漳州市长泰区马洋溪生态旅游区山重村赤土埕 2–2 号。始建于明景泰七年（1456）；清嘉庆年间部分被毁，后重建；2006 年修缮室内地面，2016 年整体维修。

薛氏家庙又称薛氏祖厝，由前埕和主体建筑组成，占地面积 596 平方米，主体建筑三开间，两落一进院，总面阔 10.3 米，总进深 24.7 米，建筑面积 254.41 平方米，上埕卵石铺设，下埕为水泥地面。2004 年 8 月公布为长泰县第六批县级文物保护单位。

庙坐东朝西偏北，石、砖、木结构，悬山顶燕尾脊式板瓦屋面，中轴线由埕、前厅、天井廊房和主堂组成。前埕分上下埕，下埕设七级条石踏步往上埕，上埕设五级垂带踏步上前厅前廊，前廊部分为仪门作法，明间内凹，次间外凸；明间设双开大门三副，正大门下设抱鼓石一对，两侧设边门与次间相通。前厅进深一间，明间两侧各设穿斗抬梁混合式梁架。天井地面花岗岩条石铺设，中设甬道，靠主堂中部设五级条石踏步上主堂。两侧设过水廊房。主堂进深三间，明间两侧设三通五瓜式梁架，次间山墙承檩。建筑外墙下部整条石叠砌，上部红砖清水砌，室内墙面抹白灰，前厅次间西侧墙下设浮雕花岗岩圭脚石，上整条花岗岩石板墙裙，上设方形青石螭虎纹透雕窗；室内地面红砖铺设；屋面铺设素面板瓦，檐口石灰砂浆封边，设勾头、滴子。屋脊正脊为设有灰塑和剪瓷雕装饰水车堵的燕尾脊。

薛氏家庙整体保存完好，梁架上的木雕千姿百态，雕刻工艺精湛，保存较多历史构件，历史文化研究价值高，是研究长泰明清家庙宗祠发展演变的实物例证。山重薛氏族人分布闽南及台湾等地，台湾宗亲多次回乡探亲祭祖。薛氏家庙是两岸薛氏族人共同的祖祠，其已成为联结海峡两岸同胞情谊的重要纽带，2006年列为福建省首批涉台文物点。

村落里的千年古樟

村口的古樟树

在长泰山重，许多古樟树散落乡间野外。每每回到故乡山重，总喜欢一个人来到古樟树下，放下缠绕心中的琐事，清空大脑，什么都不想，静静地发呆，聆听溪流潺潺。或许，这是每一个回家孩子最想得到的片刻逃避和些许慰藉。

古樟树静静地守护着自然村落，荫庇一方百姓平安幸福、人丁兴旺、财运集聚。村中央的一棵千年古樟可称得上“树王”了，历经沧桑，犹发新枝，树洞中空，可容纳十来个成年人，树围也需要十多个成年人手拉手才能环抱。

有的古樟树还处在村口溪流下游处，兼具“把水尾”功能。塔溪桥旁的五棵古樟树，与宋代七层石佛塔一起，把住了村口的那湾清水，让好运和财富聚在村子里。

村里的庙宇旁也大都有一棵古樟树。村民们在古樟树下垒个灶台，在每年夏收和秋收季节，也就是在农历六月份和十月份选一个好日子，举行祈福活动。祈福前几天，“福头”挨家挨户地收“福米”。祈福这天一大早，“福头”就来到古樟树下的灶台旁现场宰杀一头家猪。这些村民劳动收成的“福米”，在新鲜猪肉、甘甜山泉和天然柴火的加持下，烹饪出一大鼎的“福饭”。大锅盖一掀，空气中顿时弥漫着馋人的饭香味。这时，每家每户的饭锅已经整整齐齐地排列在庙宇前的空地上，由村里德高望重的老人负责分“福饭”。村民们一起用“福饭”祭拜神明，祈求一年风调雨顺、五谷丰登、合境平安，朴素地表达敬畏自然之心。吃“福饭”，是山重在外游子味蕾上的乡愁。每次祈福活动，游子们都会从外地赶回家，只为那一口难忘的“福饭”。

每一棵古樟树都有一个动人的故事。这些古樟树大都从村落形成之始就种下了，根深叶茂，本固枝荣，见证了村落历史文化的变迁，是村落薪火相传的根脉。树龄有多长，村史就有多久。

随着乡村旅游的兴起，深藏闺中的山重古村也撩开了神秘的面纱，千年古村、千年古樟、千年民俗、千亩花海的“四千美景”吸引了众多外地游客慕名前来探寻。于是，山重薛氏的来历，就有了许多美丽的故事。《山重薛氏族谱》里援引的《河南省志》记载，应该是较为符合史实的。唐总章二年（669），薛使（字武惠，河南光州固始县人）随岳父陈政率军入闽平“蛮獠啸乱”。平寇后，五十八姓军人及其家属1万多人，定居莆田、闽南一带。于垂拱元年（685）为行军统管使，令世守武安，遂奠居城南。至宋中叶，后裔涉入三重，支系衍生闽南、广东、云南等地。薛使为漳州薛姓始祖。

山重薛氏家庙

村口的古樟树，是山重游子的乡愁牵挂，也是山重薛氏后裔的寻根标识。1988年3月，阔别了334年之久，台湾薛氏开基始祖薛玉晋十一世裔孙、台湾茄莣薛氏宗祠文教基金会董事长薛清财回到长泰山重追溯宗源，在顶茄埕的那棵古樟树下，找寻先祖玉晋公入台前的印记。

清顺治十一年（1654），薛玉晋因为仗义，遭遇官祸，只身一人连夜翻过仙人旗山，经厦门灌口，在曾厝垵上船渡海入台，暂居台南安平公庙，以捕鱼为生。等过了一段时间后，风声稍平，又返回故乡山重，接走妻子林壹娘和儿子薛藏家，举家入台。清康熙四年（1665），薛玉晋病逝。第二年五月，林壹娘产下遗腹子薛却来。不久，安平发生海涨，林壹娘失去居所，只好离开了栖息三年的台南安平，辗转来到妈祖婆山麓安身。林壹娘把自己的居住所在，以长泰山重祖业田“茄埕”谐音命名，称

为“顶茄萣”，将祖地“山重”称为“山庭”。康熙三十一年（1692），林壹娘随次子薛却来移往凤阳山，又把新居住地命名为“下茄萣”。林壹娘过世后，后辈在其碑铭上镌刻着“长泰山庭”。三百多年来，薛玉晋的后代，在台湾开枝散叶，繁衍到高雄、台南、台北、台中等地，人丁兴旺，渐成旺族。在台湾，许多薛氏家族的门上都刻有“河东”“长泰”“山重”的字样。

今天，我们回想起来，当年薛玉晋走得有多匆忙，抛妻弃子，孤身一人，远走他乡。薛玉晋并非自顾自，离家入台是因为仗义，过后还接走妻儿，是一个至仁至义的汉子。“忠、孝、廉、节”的山重薛氏家风根植于薛玉晋的骨子里。这是一种家族文化的传承，在潜移默化地影响着子孙后代。

20世纪90年代以来，台湾茄萣薛氏宗亲多次组团回山重谒祖进香，设立了薛氏宗亲文教基金会，捐建了茄萣公园、饮水工程等公益事业。1990年6月，台湾茄萣乡薛氏宗亲文教基金会第二任董事长薛坤雄率团37人，到山重薛氏家庙举行祭祖活动，敬献匾额“敦亲睦族”，右边上款“在台湾薛氏宗亲三百三十四年来首次回长泰县山重祭祖纪念”，左边下款“台湾省财团法人高雄县茄萣乡薛氏宗亲文教基金会董事长薛清财敬献”。台胞薛清财还专程到茄萣公园里，种下了一棵碗口粗的樟树。

两岸薛氏宗亲的血脉亲情，不必用过多的笔墨去点缀，在茄萣公园的思源亭，树立着台胞薛清财撰写的“敦亲睦邻碑记”。碑文中写道：“台孙深为欣慰，瞻仰公之诞生地，并与宗亲共奠列祖列宗，于堂前缔结血缘，木本水源，敬祖之心，发之天性。爰举敬献五万四千人民币，以助乡亲增建饮水工程，以表思源，并率倡茄萣宗亲鸠资草建敦亲睦邻茄萣公园，寓意子孙后代源远流长，以志尊祖敬宗之不朽也。”“愿我两岸诸宗亲苟为善，世代敦亲睦邻，河水长流。”字里行间，充满浓浓的乡愁气息。从中，我们可以读懂一切。

众人抬着猪王进入薛氏家庙

续了 1300 多年的猪王争霸在薛氏家庙
演

“敦亲睦族”匾额

茄莲公园里的“敦亲睦邻碑记”流露出
浓浓的乡愁

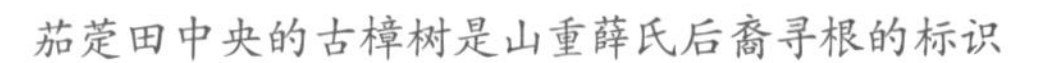

茄�田中央的古樟树是山重薛氏后裔寻根的标识

茄萣公园里的樟树

山重茄埕田中央的那棵古樟树，守候了三百多年，依然根深叶茂。茄萣公园里的那棵樟树，也经历了三十余年，长得高大茂盛。两棵樟树相望相守，共同见证了两岸一家亲，述说着台湾薛氏宗亲的原乡情怀。这种血脉亲情割舍不断，这种原乡情怀挥之不去，根植于沃土之中。

（撰稿：薛夏滢）

朱一贵故居
Zhuyigui Guju

【年代】清代

【类别】古建筑

【所在地】福建省漳州市长泰区

【海拔】96 米

【经度、纬度】东经：117° 50' 22"，北纬：24° 37' 32"

（测点位置：前厅前廊第一级踏步正中）

朱一贵故居位于福建省漳州市长泰区马洋溪生态旅游区旺亭村亭下 8–2 号。始建于清初，屡有修葺；2006 年整体维修。

朱一贵故居由泮池、前埕、两侧厢房和主体建筑组成，占地面积 1205 平方米，主体建筑三开间，两落一进院，总面阔 12.3 米，总进深 15.2 米，建筑面积 187 平方米，前埕地面红砖铺设。1996 年 7 月公布为长泰县第四批县级文物保护单位。

建筑坐西北朝东南，石、砖、木结构，悬山顶燕尾脊式板瓦屋面，中轴线由泮池、埕、前厅、天井、廊房、主堂和两侧厢房组成。前埕正中设三级条石踏步上前厅前廊，明间内凹成轿厅，正中设双开大门一副。前厅面阔三间，进深一间，搁檩式梁架结构；天井地面红砖铺设；两侧设过水廊房；主堂面阔三间，进深一间，搁檩式梁架结构。建筑室内明堂通透，装饰朴素大方。建筑外墙块石叠砌，内墙面抹白灰；建筑室内地面红砖铺设；屋面铺设素面板瓦，檐口石灰砂浆封边。屋脊正脊为堵内设有灰塑装饰的燕尾脊。

朱一贵，小名祖，长泰县亭下社人。清康熙五十二年(1713)移居台湾罗汉门，养鸭为生，志在反清复明，暗中结交地方豪杰。康熙六十年(1721)，朱一贵率众起义，队伍发展到30万人，占领全岛。朱一贵称“中兴王”，年号“永和”，不久清政府从闽浙调兵渡海进攻，朱一贵兵败被俘，在北京就义。建筑为朱一贵早年生活、居住之地。朱一贵是清代台湾农民起义首领，在中国革命史上有一定影响，其故居具有一定的纪念、教育意义。

台湾义军领袖朱一贵

朱一贵人物雕塑

清康熙年间，由于一个突发的重大事件，长泰方成里亭下社出了载入《中国通史》的历史人物——朱一贵。

朱一贵（1689—1722），长泰方成里亭下社人。康熙五十二年（1713），朱一贵随父移居台湾，居凤山罗汉内门（今高雄县内门乡），年轻时曾任衙役、佣工，后以养鸭为业。因其为人豪爽好客，所往来多为明代遗民，素有“小孟尝”“鸭母王”之称。

康熙六十年（1721），台湾府凤山知县缺，知府王珍兼掌凤山县印，委政于次子。父子专权府县，结党营私，欺公枉法，受纳贿赂，赋税苛刻，民怨沸腾。二月，王珍逮捕入山伐竹者数百人进行勒索，群众有苦无处诉。三月，李勇、吴外、郑定瑞等相约至朱一贵家，聚谋起兵，以诛贪吏，大家商议认为：地方官吏只知沉迷酒色，政乱刑繁，兵民疲惫，若以明朝后裔光复明室来号召乡里，则归者必众。于四月十九日，朱一贵、黄殿、李勇、吴外、郑定瑞等52人，焚香盟誓，结为兄弟，组织反

朱一贵故居外观

清抗暴武装起义。一时闻风而从者千余人，推朱一贵为大元帅，高竖义旗，上书：“激变良民，大明中兴，大元帅朱。”是夜，首攻冈山汛，立克告捷。四月下旬，朱一贵进兵槺榔林，击毙清军把总张文学，获大批军械装备。闻朱一贵起义，台湾有杜君英等四股义军相继响应，朱一贵如虎添翼，声威大振，于四月末出兵攻下淡水汛。长泰县城从四月起“邑中戒严，居民逃窜，仅存绅士。众扶老挈幼，令莫能禁，八里寨堡，皆增修”。

至五月初一，朱一贵、杜君英统率义军数万人，合攻春牛埔。清军不战自溃。文武官吏纷纷逃遁。春牛埔大捷后，朱一贵率义军进驻台湾府城（今台南市），出告示安民，严禁杀掠。打开赤崁楼，得大炮刀枪，硝磺弹药甚多。是日，诸罗县人纷纷起兵响应。越三日，攻破县治。

至五月初四，起义军占据台湾一府三县（台湾府、台湾县、凤山县、诸罗县）。

五月三日，起义军在台湾府拥戴朱一贵为“中兴王”，祭天地、列祖列宗及延平郡王郑成功。建元永和，发布檄文，要“横渡大海，会师北伐”。朱一贵敕封有功诸将，建立起统治政权。

朱一贵以“中兴王”名义布告中外，申述反清复明宗旨，福建乡亲深受鼓舞，有从上杭跋涉千里，渡海赴台投军者；有奉朱一贵密令返闽，进行组织活动者。德化县农民陈洛、郑坚等，聚众于永春石鼓岩起义响应，在永春、德化山区劫富助贫。海峡两岸义军，旗鼓相应。

朱一贵称王后，整饬纲纪，严禁淫掠。对违法违纪、伤害百姓的将士予以严惩，从而引发一些将士的不满情

绪；而杜君英政治野心膨胀，欲篡夺领导权。由是义军内部分裂，力量削弱，给清军以疯狂反扑之机。

时闽浙总督觉罗满保，闻义军内部分裂，立调南澳总兵蓝廷珍，水师提督施世骠，统率水陆大军两万余名赶赴澎湖，相机进军台湾。清军很快攻占了鹿耳门、安平、东都。

六月二十三日，施世骠、蓝廷珍猛攻义军统帅部台湾府城，朱一贵率军抗拒。清军凭借优势火力，步步进逼，义军伤亡过半，营垒尽失。朱一贵率余部向北撤退。

七月，朱一贵率余部间道走里溪、下茄冬，清兵尾追不舍。漳浦人王仁和向蓝廷珍密告朱一贵行踪。蓝廷珍乃密令沟尾庄土豪杨旭、杨雄等设计诱擒朱一贵。朱一贵被擒后，被转解北京，慷慨就义。朱一贵在长泰的家族受株连，惨遭迫害。

朱一贵义举，彰显闽南人“尚义激烈，开朗无羁”精神特质，一贵于备受酷刑时，回头对身边的亲密战友翁飞虎说：“大丈夫为忠义而死，死得其所。你该不会有所怨叹吧？”飞虎激动地说：“君有所命，敢不勉从！”充分体现了起义英雄光明磊落、视死如归的民族气节，一个铮铮铁骨义士如影浮现。朱一贵领导的台湾农民起义载入了中国史册。

关于朱一贵起义的性质，现代学者普遍认为：这次起义是由于清政府地方官员的压迫剥削而引起的，起义者提出“激变良民”“大明复兴”等口号，含有“反清复明”的政治目的。起义者之所以能够得到广大民众的响应，说明当时官府与人民之间的矛盾已经十分尖锐。这次起义是体现广大人民愿望的农民起义。由此可见，应把朱一贵起义定性为“官激民变”的起义。起义军纪律严明，严禁淫掠，维护百姓利益，“义军”称誉名副其实。

朱一贵起义前，即自称明裔以号召群众。起义得台后“祭天地列祖列宗及延平郡王”，愿为“明室遗臣”，继郑氏集团之余烈，如其战斗檄文慷慨陈词："博我皇道，宏我汉京，此其时矣。唯是新邦初建，庶事待兴，引企英豪，同襄治理。然后奖帅三军，横渡大海，会师北伐，饮马长城；捣彼虏庭，歼其丑类，使胡元之辙，复见于今，斯为快尔"，其志在"重新收拾旧山河"。起义军建立政权，一贵称"中兴王"，"遵故明""复明制"，其义以光复为归，正如檄文曰："群贤霞蔚，多士云兴；一鼓功成，克有全土。此则列圣在天之灵实式以凭，而中兴之运可操左券也。"反清复明的意旨非常明显。凡此种种，与搞独立有着本质区别。

连横对台湾农民起义予以同情，把朱一贵列为《台湾通史》列传人物之一，用较大篇幅进行详尽介绍和具体描写，显示了朱一贵在台湾历史上所占的重要地位和产生的深远影响，并站在中国历史的高度为朱一贵正名。评曰："顾我观旧志，每蔑延平大义，而以一贵为盗贼者矣。夫中国史家，原无定见，成则王败则寇，汉高、唐太亦自幸尔，彼其能贤于陈涉、李密哉？然则一贵特不幸尔。追翻前案，直笔昭彰，公道在人，千秋不泯。"

据考证，朱一贵为朱熹后裔。新编罗山朱姓族谱载，朱熹生三子:朱塾、朱埜、朱在，朱塾生朱镇、朱鉴两子，朱鉴的第四世孙朱填，居莆田涵头（今涵江），于元至正四年（1344）任长泰知县，带子到漳州拜谒知府，盗贼乘机入长泰县城劫掠府库。朱填恐被上司治罪，带儿子朱镛逃到莆田涵口伯父朱能家避难，又恐连累伯父，化名朱明武，儿子朱镛化名朱寮。还载，盗贼攻入县城时，朱填之妻翁氏自刎，两女儿为免受辱，投井自尽，幼子朱镐得以幸存。这与清乾隆庚午版《长泰县志》卷九《人物志·女德传》记载相吻合。朱镐留居长泰，为长泰朱姓之祖，朱一贵系其传衍。

朱一贵家乡亭下坐落在天柱山山麓。天柱山因多奇石如柱而得名，"石屏壁立千仞上，擎天作柱得高名"（明邑人进士戴燝诗句），主峰海拔933米。作为国家森林公园，其自然资源与人文景观十分丰富，宋时就有"临漳第一胜处"之美誉，福建历史名人曹学荃、何侨远都曾游览天

朱一贵故居一侧

柱，并不惜笔墨，赋诗题咏。古诗云：“远远巍峦叠叠峰，白云深处一岩空。十万世界掾楹外，万里山河指掌中。”正是这崔巍高山、挺拔翠柏，孕育了朱一贵桀骜不驯的性格和钢铁般的意志。还有现代诗者感叹朱一贵壮举，赋诗赞叹：莫道山野无壮汉，亭下走出中兴王。振臂一呼惊朝野，义檄到处旌旗张。

“古建筑朱一贵故居”石碑

当然，随着时间推移和条件变化，几百年前分庭抗礼的各种势力已深深地融合在我们这多民族统一的国度。朱一贵领导的农民起义不可避免地存在其历史局限性。这是后人不必也不可能苛求的。现朱一贵故居仍在长泰县亭下村，供人凭吊。台湾台南人民感佩朱一贵大义气节，遵奉朱一贵为“小城隍”，立庙朝拜，成了百姓心目中景仰的保护神。

（撰稿：林河山/朱福清）

玉珠庵
Yuzhu'an

【年代】元代

【类别】古建筑

【所在地】福建省漳州市长泰区

【海拔】130 米

【经度、纬度】东经：117° 54' 07"，北纬：24° 45' 50"

（测点位置：庵前殿前廊第一级踏步正中）

玉珠庵位于福建省漳州市长泰区林墩工业区江都村庵空 16–3 号，始建于元代，明天顺四年(1460)扩建，历代均有修葺，2012 年整体维修。

玉珠庵原为曹氏古寺，名公崎岩，明正统十四年（1449）连姓入泰视岩为祥地，天顺四年（1460）扩建并改名为开崇寺，于成化七年（1471）更名为玉珠庵。玉珠庵由庙埕和主体建筑组成，两落一进院，总面阔 12.8 米，总进深 15.5 米，建筑面积 198.4 平方米。1992 年 11 月公布为第二批县级文物保护单位。

庵坐西南朝东北，石、木结构，悬山顶燕尾脊传统板瓦屋面，中轴线由庙埕、前殿、天井、两侧过水廊和主殿组成。前殿面阔三间，设前廊，前廊设两根浮雕龙柱，明间内凹成轿厅，明间正中设大门，大门下置抱鼓石一对，门上悬“玉珠庵”木匾，两侧各开一扇偏门，室内进深一间；正中天井花岗岩条石铺设，天井两侧为连接前殿和主殿的过水连廊；主殿面阔五间，明间进深三间，设抬梁穿斗混合式梁架，两侧次间进深四间，为穿斗式梁架，梢间直接山墙承檩。庵山墙下部花岗岩条石叠砌，上部游标砖贴面；室内地面红砖铺设；屋面铺设素面板瓦，檐口石灰砂浆封边。屋脊正脊为设有灰塑装饰水车堵的燕尾脊。

玉珠庵历史悠久，整体保存完好，各种石雕制作精巧，是历史时代的珍贵艺术品。清代有部分连氏后裔移居台湾。玉珠庵为长泰区较有代表性的庙宇，2006年列为福建省首批涉台文物点。

家乡的古庵堂——玉珠庵

2010年的夏天，我从江都小学毕业，而后便辗转县市、省城甚至几千公里外的西部异乡，转眼间时光已经悄然走过了十余个春夏秋冬。新冠肺炎疫情的蔓延给经济社会蒙上了一层灰，也让许多人慢下来生活。我也开始懂得暂缓远行的脚步，珍视周遭的万事万物，美好从故土出发。

今年寒假的某天下午，我叫上邻居阿虹出门散步。上大学后便常年在外的我们很少有时间和闲心停下来好好端详家乡的风物。无特定的目的地，我们漫步在黄昏之前的乡间，彼此心照不宣地走过每一寸“儿时的记忆”。其实由于群山阻隔，吴头社的日出和日落基本都不具备惊艳时光的魔力，但独属冬日的和暖日光半露山体，穿过层层婆娑枝叶，斑驳树影间，万物越发清灵。

日落之前，我们来到玉珠庵，这是长泰县文物保护单位之一。玉珠庵建在江都村的主干路边，藏在四周的居民建筑里，如众星拱月般被保护得极好。

玉珠庵正面

屋顶巧夺天工的雕刻

据载，玉珠庵始建于元至元六年（1340），至今已有七百多年历史，原为曹氏古寺，名公崎岩。明正统十四年（1449），连姓入泰视岩为祥地，遂迁居于此，而后连氏家族人丁发展，便对该寺进行扩建，于天顺四年（1460）改名为开崇寺，成化七年（1471）又更名为玉珠庵，历代均有修葺，于1992年被长泰县人民政府列为第二批文物保护单位。经历代修筑、扩建，玉珠庵如今颇具规模。

站在庵堂前，我们瞬间被各种巧夺天工的雕刻壁画作品深深吸引了。玉珠庵的各种石雕、木雕、壁画制作精巧，构图生动，部分墨画、彩画依旧，是历史时代的珍贵艺术品。玉珠庵设三个门，门框用花岗石构筑，门楣雕有八仙过海图饰，左右两侧门一边是荷花、波浪，一边则是燕子、鲜花，寓意“芙蓉出水”“双燕报春”。门边有一对石鼓，雕饰精美图像，其中有两尊神像，着西洋人装饰，可见其兼容并包，有容乃大。

轻抬脚步入门，厅堂中无隔墙，有8对16根石柱支撑屋顶，宽敞庄重。大厅前四根浮龙雕柱、浮凤雕柱，采用镂空式雕刻，形态威赫，出双入对，寓意龙凤呈祥；庵堂屋顶有层层叠叠的斗拱檩梁，拱梁交错，组

成了20个图案形梁架，拱梁间饰有百余个雕工精致又光彩夺目的舞狮舞象、四季花草，既显威严八方之神，又扬生生不息之意。墙壁上对称的浮雕麒麟和透雕石窗，以及各显神通的八仙过海，无不昭示着人们对富贵吉祥和美好生活的追求和向往。后厅置有神龛，旁有用红木雕刻的对联："几里上游光佛国，千年垂佑濯人家"，这些石柱、对联皆源于明代，联语内容反映了玉珠庵佛释道兼容。入玉珠庵，有如走进一座历史底蕴深厚的博物馆，心底对先辈古人的敬畏与景仰之情油然而生。

正欲出门去大埕走走，幸得管理人员叫住，引我们去看正堂后壁。在庵堂后墙左方的白灰壁上，有《募建敬圣亭小引》的墨书"咸丰十年庠生连日春撰募建敬圣亭小引"，是江都连氏后裔、台北双溪举人连日春于清咸丰十年（1860）所题，字迹清晰可辨。这是闽台文化交流的文物遗存，颇有价值。据载，清代有部分连氏后裔移居台湾，玉珠庵作为长泰区较有代表性的庙宇之一，2006年被列为福建省首批涉台文物点。

台北双溪举人连日春系江都连氏十三世连元桥之孙。连元桥于清乾隆四十六年（1781）随父兄迁台，嘉庆末年组织开垦北台湾三貂岭和双溪地区，开荒拓植、兴修水利、修建道路、发展农贸，经四十余年的辛苦奋斗将北台湾建设成为当时颇为繁盛的地区。连日春生于台北双溪，就学于仰山书院，曾多次回江都求学，中举后回江都连氏宗祠瞻依堂祭祖，竖旗杆，挂匾额。福建巡抚丁日昌题赠的"文魁"匾，至今依然高悬于瞻依堂上。

江都连氏迁台后裔曾多次回乡祭祖、撰续族谱。早在1988年，两岸关系解冻初期，台南柳营小脚腿连氏就曾回到江都对接族谱。1997年，在连战的委托下，连四国率台湾连氏宗亲会赴大陆省亲团一行18人回江都寻根谒祖。2011年，江都实业家连文成率中华连氏参访团拜会台南小脚腿连氏宗亲，并为建设台南小脚腿连氏宗祠捐资20余万元人民币。

庵内拱梁间的装饰

白灰壁上的《募建敬圣亭小引》

出庵堂，门口的大埕环境开阔，思绪还沉浸在古建筑和两岸深厚的亲缘情谊里，想起作家余秀华在其散文集《无端欢喜》中所写的话：“这星天，这大山，不管戴着多少光环的人同样被遮蔽在大自然的雄伟里。大山还在，从大山看到的星空还在，想到这里，我感到喜悦，一种永恒的感觉模模糊糊地爬满全身。”我们向来都感动于永恒不变的事物，满天星辰是，山川湖海是，身后的古庵堂和两岸的闽台情也是。

玉珠庵供奉三代祖师、南朝大帝、神农教主、伽蓝公、五谷先帝、青衣相公、九天玄女、注生娘娘等神佛。每年农历正月、八月举办大型的祭祀活动，历来香火不断。农历正月十三日敬佛谢神是玉珠庵的庙宇民俗重要活动之一，由进香迎神绕境、摆“龟”敬奉佛祖、演戏焰火谢神等组成。

进香迎神绕境简称“进香”。正月十三日凌晨，各家各户及新婚、弄璋者、鼓乐队组成的进香队伍，在甲头理事的统一指挥下，列队出行。到达预定的庵庙后举行进香请火仪式、烧金、鸣放鞭炮、香铳，热闹一阵之后返程。途中鼓乐声、喇叭声、歌声、枪炮声此起彼伏，气势非凡。回到本村后，在各家门口接受膜拜后绕境进庵门。而后，男女老少携带供品接踵而至，虔诚地点香烧金放炮，热闹喜庆。

摆“龟”敬奉佛祖也是在正月十三，方圆百里，独具一格。“大龟”底部凹，顶部呈圆形凸出，印有龟背纹，名字因形而来。大龟取龟之背纹为图腾，寓为长寿；以红糖、红薯、红豆为料，寓为红红火火，甜甜蜜蜜；以精面粉发酵而作，旨在冀之发达兴旺。连姓后代必须是一对夫妇生育第一个男孩（2004年始改为生第一个孩子，不论男女）才有资格摆“龟”敬奉佛祖。摆“龟”还需请民间艺人设计垒龟，圆形篓筐盘中间以洗净晒干的麻秆或香蕉秆为柱，围绕这柱子把大龟由下而上叠起，逐层缩小叠成宝塔形。

演戏焰火谢神是正月十三玉珠庵敬神活动的热闹巅峰，寓于酬谢三代祖师一年来对族人的庇佑和奉献，已延续三百多年。木偶戏从下午2点开始至晚上12点，把做“三出头”的祈福，赞美古今杰出人物事件的教化融入娱乐之中。晚8点起，玉珠庵准时燃放第一篙（“篙”即按照设计要求，把定量的烟花爆竹安装在一根10—20米长的木桩上，然后竖立在庵前的场地上）焰火，而后每过30分钟放一篙，燃放篙数由前一年的新婚及新生儿人数而定。由下而上连续燃放烟花爆竹的各种光线向空中放射，万炮齐发，各显神奇，把寂静的夜空缀成绚烂多姿、万千气象的图景，每年都吸引着数以万计的来观者。

日落西山，依稀有古厝炊烟袅袅。我们走在回家吃饭的路上，畅想几天后的烟花盛宴……幸福如此简单。

（撰稿：林小娟）

连氏瞻依堂
Lianshi Zhanyitang

【年代】清代

【类别】古建筑

【所在地】福建省漳州市长泰区

【海拔】154 米

【经度、纬度】东经：117° 53'59.7"，北纬：24° 45'41.4"

（测点位置：前厅第一级台阶正中）

连氏瞻依堂，位于福建省漳州市长泰区林墩办事处江都村寨内 72 号。始建于明代，清代重修。1990 年、1993 年又有修葺，现存建筑为清代风格。坐西北向东南，通面阔 19.7 米，总进深 16.5 米，占地面积 326.6 平方米。由前厅、天井、正堂组成，石、砖、木结构，悬山顶燕尾脊，明间梁架皆为抬梁式木构架。前厅面阔三间，进深二柱，前厅一级踏跺刻有圭脚纹，门边置抱鼓石一对，次间铺设圭脚石。天井条石铺墁，两侧的过水廊道为卷棚顶。正堂面阔三间，进深四柱（后檐墙承檩），悬挂有“瞻依堂”“武魁”“文魁”“祖德传芳”等匾额多方。

其中“祖德传芳”为台湾贤志基金会敬赠。在其埕南侧保留有石旗杆一对，底座浮雕龙纹图案。瞻依堂的梁架雕刻繁简有序，具有一定的艺术价值。

清代有部分连氏后裔移居台湾，清咸丰十年（1860）台湾双溪举人连日春曾返乡谒祖。1988—1997 年，台南柳营连姓台胞率团三次回江都村谒祖，热心向家乡捐资，作为维修宗祠及江都小学的奖教奖学基金。2011 年 12 月，连氏瞻依堂列入《福建省涉台文物名录》。

从瞻依堂内望去可见连氏大戏台

我同江都寨的约定

“去看戏咯！”

从别后，忆相逢，几回魂梦与君同？我是很喜欢看戏的，不只是贪恋那戏台下往来追闹的童趣，也不只那大埕观众两边熙攘叫卖的商贩，真真是醉心于三尺红台、披红戴绿、吟唱古今。可白云苍狗，岁月不居。记不清有多少年没去寨内看戏凑热闹了，自小学毕业后就甚少去迎那些锣鼓喧天、鞭炮齐鸣，许是因为演戏的正月十五常常是开学日。

壬寅年元宵，晚饭后步行至寨内，同妈妈、奶奶及邻居阿婶阿婆一块儿，慢慢悠悠，随走随聊。我也跟着亦步亦趋，对一路上遇见的邻里报以微笑。他们或庭前吃饭，或屋里洗碗，还有的含饴弄孙，好不快活。一路晃悠，以至刚到寨内，那象征好戏开场的烟花便在头顶炸了开来，鼓乐响起，热闹与温暖瞬间取代了冬日晚间的清冷寒凉。可还是要先去婶婆家借几把凳子，顺道喝几口热茶。他们可不管戏是不是早已开始，乡里的人情啊，永远摆在第一位。

婶婆家就在戏台下边不远处，喝完茶拿好凳子，出门左转上坡，一座石拱门屹立在前，门楣上“江都寨”三个大字在夜里因节日的灯火通明而熠熠生辉。石拱门内是江都连氏大宗祠，原址相传为江都连姓二世连襄德所建的学馆，始建于明景泰三年(1452)，后于明万历二十五年(1597)改为连氏大宗祠，堂号“瞻依堂”，今占地面积约40亩，场地广阔，由祠堂、大埕、池塘、护厝、戏台等建筑组成。连氏祖祠依山坡而建，大埕、厅堂逐层升高，屋顶飞檐翘角，墙壁用石板、墙砖垒筑镶嵌，造型美观大方。瞻依堂前有二层大埕，上、下埕之间铺设石阶，石阶七级半，颇具特色。下埕立有一座旗杆石台，为举人连日春所立遗物。下埕东南侧（祠堂正对面）有戏台、江都寨门、古榕树及明代古寨墙。

端坐戏台前，遥想陈年事。闽南歌仔戏和台湾歌仔戏同宗同源，关系密不可分。江都寨也是台湾连氏家族的摇篮血地，清康熙年间，江都村连氏家族分支，经龙海马崎村辗转迁至台湾，在台湾柳营乡一个俗称“小脚腿”的小山村落地生根，并很快繁衍成为台湾的一大望族，声名远传两岸的连横、连战便是出生于此。有“台湾太史公”之称的历

门楣上的“江都寨”

瞻依堂正面

史学家连横呕心沥血而成的皇皇巨著《台湾通史》，章章页页无不证明海峡两岸同属一个中国。1997年，连战委托连世国先生率台南连氏祖团一行二十多人，到江都村连氏祠祭拜祖先。2005年，连战更是冲破重重阻力，以中国国民党主席的身份，率团访问大陆，实现了举世瞩目的“和平之旅”。此外，祠堂梁间悬挂的“文魁”匾额系清光绪二年(1876)江都连氏十五世、台湾双溪举人连日春在瞻依堂祭祖时所挂，还有“祖德传芳”匾额也是台胞谒祖所赠。虽人生殊途、岁月流逝，台湾的连氏后裔却始终不忘宗祖和祖籍地，跨越海峡到江都寻根认祖，传承着中华民族爱国爱乡的传统，留下了动人的史话。江都连氏祖祠也因此成为联结海峡两岸连氏宗亲的纽带，2005年被列为省级涉台文物点。

耳畔鼓乐齐鸣，身旁人群熙攘，原来是男女老少齐来观看花灯“菜碗”。

正月十五元宵节是连姓全族的祭祖日，也称“全宗祭”。祭祀祖先是宗族活动的一件大事，除了缅怀先祖功德，也是维系血缘亲情、增强家族认同感和凝聚力必不可少的活动。连氏将欢度元宵佳节与祭拜祖先融在一起，旨在引导乡里乡亲饮水思源、敦亲睦邻、重孝崇忠。全宗祭是连氏全宗的盛大节日，仪式隆重，独具特色。凡当年（指旧年，下同）的新婚者、生男（育女）者，都要在祖祠挂一盏灯，有花灯、宫灯、斗灯、走灯等，式样不拘，元宵夜众灯齐亮满堂辉煌。除了挂灯，还有演戏、“排菜碗”、“排大龟”等活动，各具特色。排菜碗，又称排彩碗、排大碗，“菜”为各种祭品，“碗”为盛祭品的瓷盘。每碗各盛不同的祭品，如猪头、山珍、海味等，祭品摆成不同的造型。“排大龟”指的是当年有新生孩子（古为男丁，今男女相同）的家庭做大龟（粿）参加集体祭祀活动，俗称排龟；龟粿相叠成塔形，高达1米以上，祭祀过后将其分送给族人和亲戚。

说起祭祖仪式，连氏宗族最隆重的祭祀活动当数“排大猪”，于每年九月初七举行。江都连氏在祭祖时供奉生全猪，是古代祭祀礼仪的沿袭。随着人们生活越来越好，祭品由供奉一头生猪发展为供奉多头生猪，从中

“文魁”匾额

“祖德传芳”匾额

评比出最重的三头猪并给予供主相应的奖励，排大猪演变成赛大猪。排大猪活动历史悠久，相传早在明代瞻依堂祭祀先祖时，就有排大猪的活动。江都连氏分为八个甲轮值，每年由一个甲头主祭，主祭的各家各户要准备各种祭品，祭品主供一头生猪——猪去内脏，躯干套在木架上，猪嘴、猪尾巴、猪脚用红纸圈贴，猪嘴含红柑，猪身披花帕。祭祀活动于初七至初八凌晨举行，大生猪摆放在瞻依堂前的大埕，祖祠大埕灯火辉煌，人头攒动，百余头生猪有序排列，场面壮观不言而喻，本村以及外村的许多民众每每慕名而来参观。2006年韩国电视台摄制组就曾专程到江都村摄制赛大猪专题节目。

10点半左右，好戏谢幕，余味无穷。“爱看戏的孩子不会变坏。”这是深埋在我心里的一句话，或者可以算得上是我的价值观念。歌仔戏教我忠孝节义，韵律十足的台词唱腔从小培养了我对古文诗词的热爱，戏里总爱演善恶到头终有报，有情人终成眷属，这也让我始终对生活保有积极乐观的心态和对美好光明的向往。所以许多年来，即使离家数百数千里，我也常常有听戏看戏的习惯，只是条件不允许，我只能隔着十几寸的电脑屏幕任乡愁盈满周身。我始终相信，我们和对岸的同胞就如同歌曲《我们同唱一首歌》唱的那样：“咱唱同款一条歌，落叶归根是唐山……族谱有你我的名，作阵去打拼，留故事给人探听。”

瞻依堂内墙壁上的“廉、节”二字

随着谢幕的贺词一同响起的是烟花礼炮。我抬头望见一轮圆月在绚烂的烟花中显得格外静谧安详，明月永远注视着人世间的喜乐哀愁，恰如戏台旁那棵大榕树，根深叶茂，长久守望着连氏家族的祖祠。我在一片热闹祥和的气氛中登上上下埕间的七级半石阶，没有在花灯菜碗中停留太久，而是自顾自走进祠堂。这是一座两进三开间的古建筑，建筑材料以吴田山[①]盛产的优质花岗岩为主，宽敞大气的石埕，庄重厚实的墙体，洁净深邃的天井，质朴中显示出一种泱泱然大气度，给了久居在外的我的心灵以极大的安抚。

立于瞻依堂前，我在热闹喧嚣中感受它的宁静悠远，心里暗自和它许下一个约定——明年继续相约寨内看戏。一起来吗？

（撰稿：林小娟）

---

①吴田山：位于长泰。

后记

一切行为的原动力，来自一份情怀和一种责任。

《那一缕乡愁》于2022年2月启动，经过辛勤付出，终于正式出版了。

时间短，任务重，质量还要保证。在不到一年的时间里，策划方案、征集文稿、编排审校、印刷出版等一系列流程，有条不紊、环环相扣，无缝衔接、顺利推进，达到了预期的效果。

这期间，漳州市长泰区人大常委会主任周俊雄、副主任叶胜发主持编撰工作，具体解决实际问题和困难。薛支祥、林辉荣等工作专班成员用心做好提纲编写审核、稿件组织征集、图文编辑审定、印刷出版分送等具体工作。各乡镇（场、区、办事处）人大主席或联络员密切配合、紧扣主题、抓紧实施。区文博馆、区摄影协会给予了大力支持，区文博馆提供了建筑简介，区摄影协会完成了图片拍摄。

我们感恩能够遇到这么一个良好的平台和一支优秀的团队。我们感谢各个参与部门和各位专家作者，以及社会各界朋友的大力支持。在此，谨致以最诚挚的谢意！

编撰之路实属不易，包含着每一位参与者的激情和汗水，包含着每一位参与者的智慧和力量，更包含着每一位参与者的情怀和责任。

这或许是“爱长泰、美长泰、兴长泰”的又一次具体实践吧！

付梓之际，幸得诗人南竹先生和作曲家乐风先生的《一字乡愁》，让这本书有一个更美好的意境。

《那一缕乡愁》编委会

2022年9月

一字乡愁

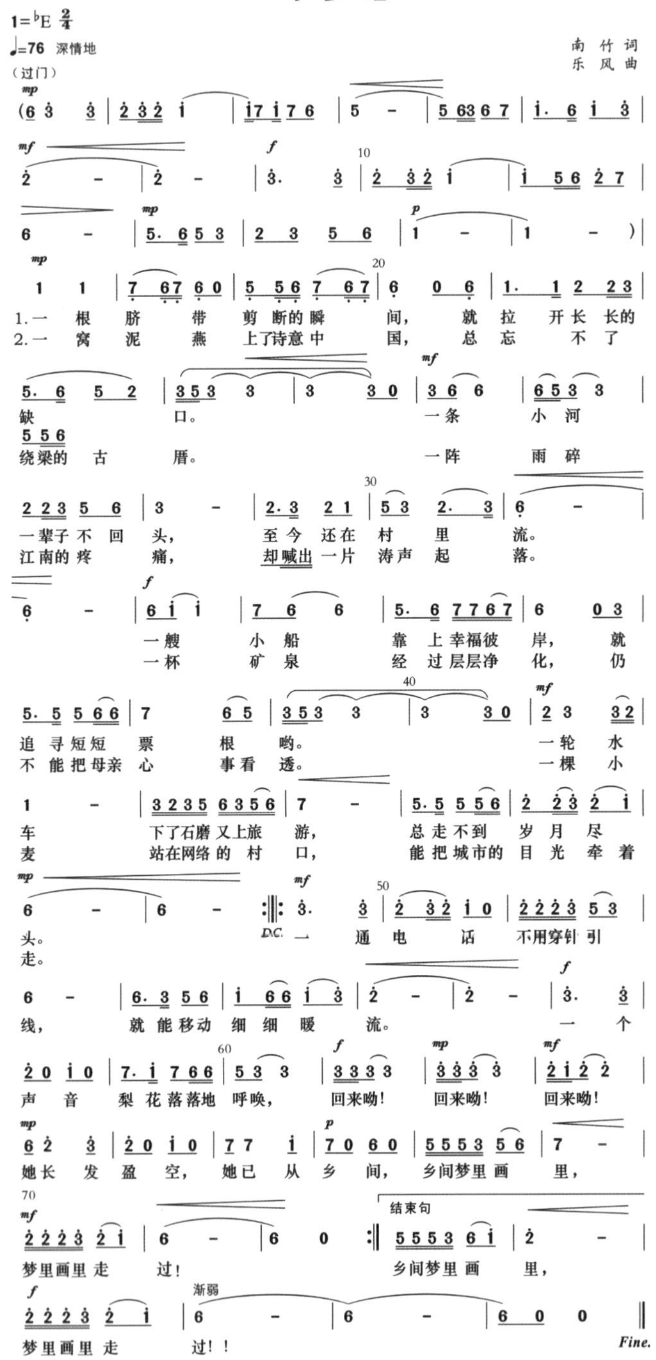

扫一扫 欣赏歌曲

作词：南竹，福建省直机关文联理事、作家分会秘书长，省语言文字专家库成员，省作家协会、诗歌朗诵协会会员，《诗刊》“好诗力荐”栏目推出的青年诗人之一。作词的歌曲曾在全球华人华侨春晚、英国华侨新春盛典公益演出和中央电视台、中国国际教育电视台播出，代表作有《一字乡愁》《风展红旗如画》《做人要有立体感》等。

作曲：乐风，国家一级作曲、国家一级指挥、军旅作曲家。从军期间，与八一电影制片厂等合作完成《忠诚》《海防纪事》《军人的亲人们》等电影、电视剧的音乐创作，获得优秀音乐创作奖。创作《一字乡愁》《故乡平潭》等歌曲。